10대와 통하는

과학 이야기

10대와 통하는 과학 이야기

제1판 제1쇄 발행일 2018년 4월 11일
제1판 제4쇄 발행일 2021년 1월 1일

글 _ 손석춘, 신나미
기획 _ 책도둑(박정훈, 박정식, 김민호)
디자인 _ 채홍디자인
펴낸이 _ 김은지
펴낸곳 _ 철수와영희
등록번호 _ 제319-2005-42호
주소 _ 서울시 마포구 월드컵로 65, 302호(망원동, 양경회관)
전화 _ (02)332-0815
팩스 _ (02)6003-1958
전자우편 _ chulsu815@hanmail.net

ISBN 979-11-88215-09-6 43400

철수와영희 출판사는 '어린이' 철수와 영희, '어른' 철수와 영희에게
도움 되는 책을 펴내기 위해 노력합니다.

자연을 아는 만큼 삶이 성숙한다

글 손석춘 · 신나미

철수와영희

머리말

내 '절친'이 될 자격

우리 10대들과 허블 망원경으로 찍은 별들의 세계를 나눠볼 때입니다. 신비롭게 또는 경탄스럽게 본 학생들의 반응은 다채로웠습니다.

"저거 컴퓨터 그래픽이죠? 진짜 아닌 거죠?"

"저렇게 정말 아름다운가요?"

질문에 대답하다가 우주 영상을 본 직후부터 내내 엎드려 있던 학생이 눈에 띄었습니다. 조심스레 다가가 물어보았습니다.

"재미없나요? 신비롭지 않아요?"

그 말에 학생은 무안한 표정으로 쑥스러운 미소를 머금고 답했지요.

"저는 도저히 못 보겠어요. 현기증이 나고 무서워요."

그 이야기를 들었을 때 저도 모르게 슬픈 미소를 지었습니다. 무한한 우주, 저 안 어딘가에 우리 인류가 한낱 '미물'로 존재한다는 사실이 갑자기 두려웠을 테니까요. 학생들과 더불어 별들의 세계를 감상한 뒤 이야기 나눈 그 순간을 생생하게 기억하는 까닭입니다.

그 학생은 철학자 파스칼을 모릅니다. "무한한 공간의 영원한 침묵은 나를 두렵게 한다"는 파스칼의 고백도 물론 몰랐지요.

하지만 천재적인 근대 철학자와 거의 같은 문제의식을 느낀 셈입니다. 딱히 파스칼을 떠올리지 않더라도 지금 자신이 앉아 있는 공간과 시간을 차분히 짚어 보기 바랍니다.

어디에 앉아 있든 사방팔방 무한으로 뻗어 갈 수 있겠지요. 지구는 둥글 테니 자꾸자꾸 걸어가면 모두 만날 수 있다고요? 좋습니다. 그럼 지구 전체는 어떤가요. 그 또한 사방팔방이 모두 무한대의 공간입니다. 시간도 그렇습니다. 지금 이 순간의 과거는 어떤가요. 끝없이 먼 과거로 이어져 있지요. 그럼 미래는? 마찬가지로 머나먼 영원으로 이어집니다.

조금 오싹해지나요? 그런데 그 무한한 공간과 영원한 시간들이 우리 인간에게 아무런 말도 건네지 않고 있습니다.

여기까지 읽으며 가슴에 두려움이나 신비감이 다가올 수 있다면, 다행입니다. 아직 스마트폰과 인터넷에 중독되지 않고 감수성과 창의성이 살아 있다는 증거이기 때문입니다.

만일 두려움이나 신비감이 들기는커녕 따분하고 졸리기 시작한다면, 스스로 경각심을 가질 때입니다. 21세기를 살아갈 사람들에게 가장 큰 '경쟁력'인 감수성과 창의성을 이미 잃어 가고 있다는 증거이니까요.

아인슈타인은 "신비스럽게 느끼지 못하거나 경탄할 줄 모르는 사람은 시체와 다를 바 없다"는 무지막지한 경고를 오래전에 남겼습니다.

이 책의 공동 저자인 신나미는 중·고등학교에서 1983년부터 물리, 화학, 지구 과학, 생물학을 두루 가르쳐 온 과학 교사이고, 손석춘은 대학 교양 과목에서 우주와 생명과의 소통을 강의해 온 인문학 교수입니다.

두 사람 모두 은퇴를 앞두고 있어 그동안 공부하고 강의해 온 내용을, 무엇보다 자연과 삶의 신비로움을 싱그러운 세대와 나누고 싶어 이 책을 함께 썼습니다.

엄선된 과학 지식으로 가득 찬 과학 교과서는 물론, 과학에 대한 청소년 책들도 이미 많이 나와 있습니다. 일일이 출처를 밝히지 않았지만 그 책들에 빚지고 있습니다. 그럼에도 이 책을 내는 까닭은 과학의 정수를 담고 있는 교과서와 10대들이 친근하게 만나도록 돕고 싶어서입니다. 교과서에 담긴 풍부한 지식들이 우리 인간의 삶에 얼마나 의미 있는가를 독자 스스로 깨닫게 하자는 데 이 책의 공동 저자는 뜻을 함께했습니다.

모쪼록 이 책의 독자가 과학은 따분하고 졸린다는 선입견이나 '암기 과목'이라는 고정 관념에서 벗어나 자유롭길 소망합니다. 과학이 호기심을 잔뜩 불러일으킬 흥미진진한 과목임을 모를 때, 자연의 신비를 벗기는 과학의 즐거움을 모를 때 자칫 인생 전체가 지루하고 공허하게 다가올 수 있습니다.

흔히 우리는 '공부한다'는 말을 시험 문제에 정답을 쓰기 위해 암기하는 것으로 여깁니다. 은행에 저금하듯이 지식을 쌓는 공부이지요. 하지만 정보 과학기술 혁명 시대에 정해진 정답을 외우는 공부는 한계가 뚜렷합니다. 아직 답이 없거나 답을 모르는 것을 질문하는 공부로 나아가야 하지요. 그때 필요한 것이 바로 감수성과 창의성입니다. 일상생활의 주변을 예민하게 느끼고 탐구하는 감성, 새로운 시각으로 상상하는 열정이지요.

겉만 보면 메마르고 따분해 보이지만 과학이라는 친구의 내면은 감수성과 창의성으로 가득 차 있습니다. 과학은 얼마든지 내 '절친'이 될 수 있는 자격이 충분한 거죠. 스마트폰과 비교하면 더욱 그래요. 바야흐로 인공 지능의 시대, 4차 산업 혁명 시대가 왔다고들 합니다. 그럴수록 더 중시될 감수성과 창의성을 과학에서 키울 수 있거든요.

우리가 이 신비로운 우주에서 선물로 받은 삶을 허투루 낭비하지 않으려면 꼭 챙겨야 할 지식, 과학입니다. 과학은 내 삶의 뿌리를 찾는 길입니다.

차례

2부 땅

3부 사람

들어가는 말

과학의 출발, 삶의 신비

21세기를 살아가는 사람은 누구나 태어나서 부모와 가족, 학교를 통해 사회에서 살아가는 방법을 익힙니다. 우리의 눈이 볼 수 있는 것과 귀가 들을 수 있는 것의 범위는 제한되어 있기에, 부모님도 선생님도 사회에서 일어나고 있는 일들을 미디어로 파악합니다.

그런데 스마트폰을 비롯해 미디어에 의존해 세상을 살아가는 사람들이 자칫 잊어버리기 쉬운 진실이 있습니다. 바로 나와 부모님, 선생님 모두가 자연의 일부라는 엄연한 사실입니다.

이 책 『10대와 통하는 과학 이야기』는 21세기 청소년들이 '자연'을 잃어 가고 있다는 안타까움에서 착상했습니다. 10대들 다수가 대기오염과 빛 공해로 별조차 보이지 않는 도시에서 살며 자연을 사실상 망각하고 있습니다.

타고난 행운으로 농촌, 어촌, 산촌에서 살게 된 10대들의 다수도 자신이 살고 있는 자연을 둘러보기보다 스마트폰이나 인터넷에 잠겨 있다면 안타까운 일입니다.

자연의 신비로움을 잊어 가고 있음은 물론, 그 자연을 탐구하는 과학조차 따분하고 졸린다고 생각하는 10대가 늘어 가는 현실은 비극입니다. 자연 탐구, 곧 과학은 내 삶의 뿌리 찾기이니까요. 이 책으로 과학 이전에 과학의 근거인 자연에 호기심을 잃어버린 10대들의 삶과 소통하고 싶습니다.

혹시 내가 '자연의 일부'라는 말이 아직도 살갗에 와 닿지 않는가요? 만약 그렇다면 이 책을 펴든 나는 물론, 부모님도, 친구도, 선생님도, 미디어로 알게 된 모든 사람들도 자연의 일부임을 확실히 깨달을 수 있는 '증거'가 있습니다.

무엇일까요? 푸르른 10대들을 포함해 우리 모두는 과거의 어느 시점에 태어났듯이 미래의 어느 시점에 죽는다는 사실이 그것입니다.

어떤 어른들은 죽음을 사춘기 때의 고민 정도로 치부합니다. 과연 그럴까요? 아닙니다. 마치 영원히 살 것처럼 생각하는 사람은 한 번뿐인 인생을 엉뚱하게 낭비하기 쉽습니다.

인류를 앞으로 나아가게 한 역사적 인물들은 한목소리로 자신이 언젠가 죽을 수밖에 없다는 '자연'스러운 사실을 직시하라고 말합니다. 그래야 삶을 소중히 여긴다는 것이지요.

새삼스런 사실이지만, 그리고 많은 이들이 망각하고 있지만, 우리 개개인은 불멸의 존재가 아닙니다. 자신의 생년월일 이전에 없었듯이 언젠가 반드시 오는 죽음기일 이후 '나'는 없습니다. 그때 '세상은 내게 무엇일까?'라는 물음은 의미가 없습니다. 아니, 아예 물을 수도 없습니다. '나'는 이미 죽어 세상에 없기 때문이지요.

무릇 생일이 있는 모든 존재는 기일이 있습니다. 그게 자연이고 자연의 법칙입니다. 나를 포함해 모든 인간은 그 생일과 기일 사이에 있을 따름이지요.

지금 내가 있기 이전에 영겁의 시간이 있었고, 내가 없어진 뒤에도 영겁의 시간은 흐릅니다. 그렇다면 이런 물음을 던질 수 있겠지요.

'우리는 어디서 왔는가? 우리는 누구인가? 우리는 어디로 가는가?'

실제로 많은 사람이 던진 질문이고 그 문제를 풀려고 애썼습니다. 문학이나 철학, 종교만이 아닙니다. 그 물음은 화가 폴 고갱이 스스로 대표작으로 꼽은 걸작의 표제이기도 합니다.

고갱은 인생의 황혼을 맞아 1897년 남태평양의 섬 타히티에서 폭 4미터에 이르는 대작을 완성합니다. 그림의 오른쪽 아래에 누워 있는 아기에서 중앙에 과일을 따 먹는 젊은이, 왼쪽 아래에 웅크린 채 귀를 막고 고통에 잠긴 노인까지 인생을 모두 담고 있습니다. 고갱의 강렬한 색채가 상당히 원시적이지요. 자연 속에 인간과 동물이 공존하고 있습니다.

문명에 때묻지 않은 세계, 순수한 자연, 태고적 신비가 살아 있는 공간, 자연에서 태어나 자연으로 돌아가는 인생, 우리는 어디서 와서 지금 무엇을 하며 어디로 가고 있는가? 바로 그것이 과학의 물음입니다.

과학을 뜻하는 영어 'science'의 어원은 어떤 사물을 '안다'는 뜻의 라틴어 'scire'입니다. 학學 또는 학문과 같은 뜻이지요. 어원으로만 본다면 과학은 '모든 아는 것'이 됩니다. 과학을 한마디로 줄여서 '체계적 지식'으로 정의하는 이유이지요. 다만 자연을 연구하는 방법과 그를 통해 얻은 과학 지식이 축적되어 왔기에 좁은 의미로는 자연 과학과 같은 뜻으로 쓰이고 있습니다.

내가 태어나기 이전의 세상은 무엇이었는가, 내가 죽은 뒤 세상은 어떻게 변화해 갈까, 먼 미래 어느 순간에 우리 인류가 사라진다면 우주는, 자연은 그때 무엇인가? 그런 물음들이 신비롭게 우리에게 다가오겠지요. 신비는 아름다운 경험입니다.

지금 여기서 시작해 사방팔방으로 펼쳐진 무한한 공간과 무궁한 시간을 상상해 보세요. 바로 내 삶의 무대이자 뿌리입니다. 그 어느 작은 시공간에서 내 삶이 머물고 있으니까요. 왜 하필 여기 있을까, 그 신비로움을 조금이라도 탐색해 보려고 나선 사람들이 애쓴 결과를 정리한 지식이 바로 과학입니다.

그러니까 중·고등학교의 과학 교과서는 오랜 세월에 걸쳐 인류가 탐색해 온 결과를 압축해서 잘 보관해 둔 소중한 '파일'입니다. 그 파일에는 우리가 미처 모르고 있지만 이미 벗겨진 '신비의 베일'이 차곡차곡 쌓여 있지요. 교과서를 익히며 잃어버린 감수성과 호기심을 되찾을 수 있는 이유입니다.

아직도 베일에 가려진 '신비'가 많습니다. 그 베일을 벗기는 일은 지금 이 책을 읽는 10대들 가운데 누군가의 몫이겠지요. 하지만 그러려면 먼저 이미 드러난 '신비의 파일'들을 열어 보아야 합니다.

그러니까 죽음을 의식하라 해서 인생을 비관하며 살아가라는 권유는 전혀 아닙니다. 정반대입니다. 삶을 사랑하며 살아가자는 뜻이지요. 대체 그게 무슨 말인지, 왜 그런지를 설명한 책이 바로 『10대와 통하는 과학 이야기』입니다. 책 부제도 "자연을 아는 만큼 삶이 성숙한다"입니다.

세상에 대한 사랑, 삶을 사랑하는 이야기를 꺼내면 언제나 떠오르는 말이 있습니다.

"하늘땅만큼 사랑해."

어린 시절, 엄마나 아빠로부터 들었던 그 말, 엄마나 아빠에게 한 그 말 기억하나요? 얼마나 행복한 시간이던가요. 부모로부터 혹 그 말을 들은 기억이 없더라도 익숙한 말입니다.

이 책을 통해 과학과 소통하는 10대들이 하늘땅만큼 사랑을 품을 수 있기를 바랍니다. 아는 만큼 보인다고 하죠. 정말 하늘은 땅은 얼마만큼인가를 지금부터 알아볼까요?

이 책의 1부가 하늘, 2부는 땅입니다. 마지막 3부는 사람이지요. 일찍이 우리 조상들이 자연을 천·지·인天·地·人으로 풀이한 전통을 따랐습니다. 그럼, 하늘부터 살펴보죠.

1부
하늘

1장

하늘의 진실: 별의 세계

해와 달과 별

우리 귀에 익숙한 순서입니다. 해와 달은 낮과 밤을 비추고, 별은 달의 배경에서 총총 빛난다고 여겨 왔지요. 우리 눈으로 본 크기의 순서이기도 합니다. 하늘은 그 해와 달과 별을 모두 품고 있다고 생각했습니다.

하지만 과학은 해와 달과 별에 대한 전통적 생각이나 상식이 얼마나 잘못된 것인가를 입증해 주었습니다. 해와 달은 민담이나 설화에 나오듯이 오누이도 아니고 낮과 밤을 각각 지배하지도 않습니다. 남성적이라거나 여성적이라는 문학적 상상력도 전혀 근거가 없음이 밝혀졌습니다.

구름에 앉은 신들의 세계는 비행기를 띄운 과학이 환상임을 입증했습니다. 신의 아들이 부활해서 하늘로 올라갔다는 승천의 종교적 가르침도 구름 위의 세계를 비행기와 인공위성으로 살펴본 오늘날에는 과거와 달리 비유적 의미에 그칠 수밖에 없습니다.

그 말은 해와 달과 별을 소재로 한 인류의 이야기들, 곧 설화나 민담, 또는 종교가 의미 없다는 뜻은 전혀 아닙니다. 문학과 종교가 21세기에도 해와 달과 별을 주제로 상상력을 발휘하는 일도 좋은 일입니다. 그것을 통해 우리 내면의 감수성과 창의성을 높일 수 있으니까요.

하지만 과학은 적어도 해와 달과 별의 위상을 명확하게 밝혀냈습니다. 해와 달과 별의 관계는 새삼 설명할 필요가 없을 만큼 21세기를 살아가는 거의 모든 사람들에겐 과학적 상식이 되어 있습니다.

인류가 숭상해 온 푸른 하늘도 20세기 이전 사람들이라면 대부분 몰랐을 진실이 드러났습니다. 맑고 파란 하늘과 검은 하늘을 둘러싼 신비의 베일이 벗겨진 것이지요.

인류는 근대가 열리기 전까지 땅끝으로 가면 낭떠러지가 있으리라 믿었습니다. 하지만 평평한 땅 위에 하늘이라는 관념은 이제 유치원생도 잘못임을 알고 있습니다.

지금 이 대목을 쓰고 있는 저자는 마침 9736미터 고도에 있습니다. 히말라야 최고봉보다 높은 곳에 앉아서 노트북 자판을 치고 있어요. 비행기 밖의 온도는 영하 47도입니다. 비행기는 시속 875킬로미터로 날아가는 중입니다.

창밖을 보면 제 아래로 흰 구름이 가득합니다. 과학 이전 시대에 상상했듯이 구름을 타고 다니는 존재는 전혀 없습니다. 하늘에 해도 달도 별도 박혀 있지 않습니다.

그렇다면 과학은 하늘을 어떻게 정의하고 있을까요? 하늘에 대한 가장 간단한 과학적 정의는 "지구를 둘러싸고 있는 공간"입니다.

하늘은 땅 위에 있지 않습니다. 지구의 표면을 둘러싸고 있는 우주가 곧 하늘이지요. 그 점에서 우주를 곧 하늘로 본 전통적 생각이 반드시 틀린 것만은 아닙니다.

그렇다면 우주는 어떻게 정의될까요? 우주는 "물리학적으로 존재하는 모든 물질과 에너지, 그리고 사건이 작용하는 배경이 되는 시공간의 총체"로 정의됩니다.

더 줄여 말하면 '우리를 둘러싼 세상'이 바로 우주이지요. 무한하고 끝없는 공간입니다. 우주 가운데 대기권 안쪽의 우주를 좁은 의미에서 하늘이라고 부르지요. 하늘과 견주어 대기권 밖을 표현할 때는 '바깥 우주'라고 표현합니다.

넓은 의미에서의 하늘, 우주의 주요 구성 요소는 별, 성단, 성운성간 가스와 티끌 구름, 은하입니다. 더 작게는 별 주위를 공전하는 행성, 위성, 혜성, 유성체들로 구성됩니다. 흔히 말하는 '해와 달과 별'도 우주의 구성 요소로 지구를 중심에 두고 붙인 말들이지요.

일상에서는 지구도 '초록별'이라 부르거나 수성, 금성 같은 행성들까지 '별'로 여기는 사람도 있지만, 과학이 보편화하면서 정리되어 가고 있습니다. 스스로 빛을 내는 천체 – 천체는 말 그대로 '하늘의 물체'로 우주에 존재하는 모든 물체를 이릅니다 – 가 별입니다. 해는 그 별들의 하나이지요. 별을 공전하는 천체는 행성이라 부릅니다. 지구는 해를 도는 행성들의 하나이지요. 행성을 도는 천체가 위성입니다. 달은 지구의 위성이지요.

본디 인류는 수천 년에 걸쳐 자신이 걸어 다니는 평평한 땅 위로 둥근 하늘이 덮여 있고, 하늘의 해와 달과 별들이 모두 지구를 중심으로 움직인다고 믿었습니다. 지금도 우리 눈으로만 보면 그렇게 생각하기 십상입니다.

하지만 당연하게 여겼던 그 믿음은 1543년 천문학자 코페르니쿠스에 의해 무너지기 시작했지요. 코페르니쿠스는 해가 지구 주위를 돌고 있는 것이 아니라 지구가 다른 행성들과 함께 태양 주위를 돌고 있다고 주장했습니다.

오늘날엔 지동설에 놀랄 사람이 아무도 없습니다. 하지만 당시로선 도무지 믿어지지 않는 진실이었지요. 어쩌면 21세기 지구촌 사람들이 그 우주적 진실에 그리 놀라지 않거나 무덤덤한 이유는 그 내용을 정확히 알고 있어서가 아닐지도 모릅니다. 인류의 자존심 또는 자부심을 송두리째 손상하는 과학적 진실을 애써 무시하고 싶어서일

장 주브네가 17세기에 그린 <예수승천>입니다. 그림에서 보듯이 예수는 구름 위로 올라가 있습니다. 과학이 발달하지 못했던 시대에 부활한 예수가 하늘로 올라가 머문다는 믿음의 표현입니다. 종교와 과학은 서로 별개의 영역이지만, 비행기로 누구나 구름 위를 날 수 있는 오늘날 이 그림은 <성경>을 문자 그대로 믿는 위험성을 일러 주고 있습니다.

수도 있습니다. 지동설은 우주의 중심이 인간이라는 믿음을 마구 뒤흔든 과학적 발견이지요.

지구가 중심이 아니라 해가 중심이라는 진실에 인류가 적응해 가던 19세기 초에 우주과학의 발전은 가까스로 아문 상처를 다시 덧냈습니다. 맑은 밤하늘에 비스듬히 뿌옇게 나타나는 은하수의 정체가 확연히 드러났기 때문입니다.

21세기 도시에 사는 사람들은 은하수를 보기 어렵지만, 과거에는 맨눈으로 볼 수 있었지요. 신비로운 은하수에는 신화가 곁들어 있습니다.

우리 조상들은 은하수를 용옛말 미르이 노는 냇물이라는 의미로 미리내라고 불렀습니다. 견우와 직녀가 만나는 곳으로 전해져 오기도 했지요. 해마다 칠월칠석날이 되면 하늘에 흐르는 강, 은하수에 까막까치들이 다리오작교를 놓아 사랑하는 두 연인이 만날 수 있었다는 설화입니다.

그리스·로마 신화에서 은하수는 '밀키웨이milky way'입니다. 최고의 신인 제우스가 인간과 바람을 피워 낳은 아들이 영웅 헤라클레스인데요. 본처인 헤라가 잠들었을 때 아기 헤라클레스에게 먹이던 젖이 뿜어진 것이라 해서 '젖 길'이라고 부른 거죠.

하지만 과학자들은 새로 제작한 망원경을 통해 '하늘에 있는 강'이나 '젖 길'로 불려 온 은하수의 신비를 벗겨 냈습니다. 은하수를 천체 망원경으로 관측해 보면 홀로 빛나는 별들 외에도 수많은 별이 무리

지어 모여 있는 사실을 발견할 수 있는데요.

은하수의 정체는 다름 아닌 우리가 속한 은하의 옆모습이었습니다. 우리의 별인 해가 그 은하에 있는 별들 가운데 하나라는 뜻입니다. 별들이 밀집해 있어 마치 강이나 젖처럼 보인 거지요. 은하수라고 하는 별 무더기 안에 해가 있지만 거리가 멀고 변두리이기에 별개로 보였을 뿐입니다.

별은 무리를 지어 집단을 이루고 있는데요. '성단'이라고 합니다. 성단을 이루는 별들은 한곳에서 비슷한 시기에 생성되었기에 성질이 대체로 비슷합니다.

성단은 별이 모여 있는 모양을 기준으로 구분하는데요. 수십~수만 개의 별들이 엉성하게 흩어져 있는 것을 산개 성단이라 합니다. 수만~수십만 개 별들이 빽빽하게 공 모양으로 모여 있는 것은 구상 성단이겠지요. 산개 성단에는 주로 젊고 파란색을 띠는 별들이, 구상 성단에는 주로 늙고 붉은색을 띠는 별들이 많습니다.

별 무리를 이루는 성단, 별과 별 사이에 떠도는 성간 물질, 기체와 작은 고체들이 구름처럼 모인 성운들로 이루어진 거대한 천체를 은하라 합니다. 은하 중에서 태양계가 포함된 은하를 우리은하라고 하지요. 우리은하에는 1000억~3000억 개의 별들이 포함되어 있고, 별과 별 사이에는 성간 물질이 분포합니다.

우리은하를 위에서 보면 중심부에는 별들이 막대 모양을 이루며 집중적으로 모여 있고, 소용돌이치는 모양의 나선 팔이 있습니다. 옆에서 보면 납작한 원반 모양을 하고 있지요.

우리은하 지름이 10만 광년에 이르는데요. 해는 은하의 중심에서 3만 광년 떨어진 나선 팔에 위치합니다. 그래서 '은하수'를 우리와 떨어져 있는 별 무리처럼 볼 수 있는 거죠. 만약 해가 은하 중심에 있었다면 밤하늘 모든 방향으로 별이 분포해서 '미리내'나 '밀키웨이'가 다른 모습으로 보이겠지요.

코페르니쿠스 혁명으로 상처 입은 자부심을 겨우 회복한 인류에게 태양계의 중심인 해마저 우주에서 중심이 아니라는 진실은 또 다른 충격을 주었습니다.

자신이 살고 있는 지구는 물론, 해도 우주의 중심이 아니라는 사실을 인식한 인류는 한층 더 과학적 탐구에 나섰습니다. 20세기 들어 대기권 밖에서 우주를 관측하는 허블 망원경을 만들었지요. 그에 따라 우주과학도 눈부시게 발전했습니다.

인류는 우리가 살고 있는 은하 바깥에 또 다른 은하가 있다는 사실, 지구가 돌고 있는 해와 같은 별이 우리은하에만 1000억 내지 3000억 개나 있다는 사실을 알게 되었습니다.

여기서 1000억이라는 숫자를 충분히 음미할 필요가 있습니다. 해와 같은 별이 우리은하에만 최소 100,000,000,000개가 있고, 다른 은하들에도 그렇게 많은 별이 있거든요.

1000억 개의 별을 거느리고 있는 은하소우주들이 우주에 얼마나 있을까요? 그 또한 현대 과학은 100,000,000,000개가 있다는 사실도 발견했습니다.

실로 지구에 발을 딛고 살아가는 인간으로선 실감하기 어려운 어마어마한 규모입니다. 1000억 개에 이르는 은하들은 크게 세 가지로 분류합니다.

먼저 우리은하와 같은 나선 은하입니다. 나선 은하에서 나이가 많은 별들은 중심인 은하핵에 몰려 있고 상대적으로 나이 적은 별들과 성간 물질은 나선 팔에 분포되어 있습니다. 전체 은하의 75퍼센트 정도가 나선 은하입니다.

타원 은하는 성간 물질이 적고 대부분 나이 많은 별들로 구성되어 있지요. 전체 은하의 20퍼센트 정도입니다. 나머지 5퍼센트는 일정한 모양이 없어 불규칙 은하로 불립니다.

나선이나 타원을 이루는 100,000,000,000개의 은하들은 우주에 띄엄띄엄 떨어져 있지요. 최소 1000억 개의 해별들, 다시 1000억 개의 은하들을 떠올리면 우주가 별들로 가득하리라 상상할 수 있습니다만 아니지요. 우주는 거의 진공입니다.

우주과학자들은 우주에 있는 별들을 월드컵 축구 경기장만 한 공간에 좁쌀 하나 정도로 비유합니다. 교실을 우주라고 가정한다면 별은 교실 속의 먼지인 셈이지요. 별의 세계가 티끌이라 할 만큼 우주는 광대합니다.

밤하늘에 성단이나 성운처럼 보이는 것들 중에 실제로는 수천억 개의 별들을 포함하고 있는 은하들이 많습니다. 우리은하 밖에 있는 은하들을 외부 은하라고 부르는데요. 은하 사이의 거리 또한 말 그대로 천문학적 규모입니다.

우주에서 은하들이 수십 개에서 수백 개씩 모여 있는 곳을 '은하군'이라 하고, 은하군이 다시 여러 개 몰려 있는 곳을 '은하단'이라 하지요.

우리은하는 안드로메다은하, 마젤란은하들과 은하군을 이루고 있는데요. 우리은하의 지름은 10만 광년 정도인데, 우리은하가 속한 은하군의 지름은 500만 광년입니다. 빛의 속도로 단 1초도 쉼 없이 500만 년을 가야 하는 거리이지요.

별들 사이의 거리는 상상을 초월합니다. 우리의 별로 좁혀 보아도 해에서 가장 가까운 별프록시마, Proxima Centauri까지의 거리는 40조 킬로미터에 이릅니다. 빛의 속도－상식이지만 빛의 속도는 1초에 30만 킬로미터로 뻗어 나가지요－로 4년 내내 계속 가야 하는 거리입니다. 그 말은 해를 중심으로 반경 40조 킬로미터 안에는 어떤 별도 없다는 뜻입니다.

밤하늘에 총총한 별들을 눈으로 본 독자라면 고개를 갸우뚱할 수 있겠지요. 우주가 진공에 가깝다는 설명과 밤하늘 가득 총총 빛나는 별들이 선뜻 이어지지 않기 때문입니다.

산업화가 빠르게 전개되면서 대기 오염과 빛 공해로 밤하늘을 가득 메운 별들을 직접 눈으로 본 사람들이 줄어들고 있지만, 1970년대만 하더라도 한국의 산간 지역에선 까만 밤하늘 가득 총총한 별들의 황홀한 풍경을 맨눈으로 볼 수 있었습니다.

짐작했겠지만, 뭇 별로 총총한 이유는 별들 사이의 거리가 생략된 채 모든 별빛이 우리에게 보이기 때문이지요. 3차원 공간에 있는 별들을 평면상에서 보는 셈입니다. 밀집되어 보이지만 그 별들 사이의 거리는 우리의 상상을 넘어섭니다.

별빛은 다채롭지요. 노란 별, 주홍 별, 붉은 별, 초록 별, 푸른 별, 하얀 별들이 보입니다. 별빛의 다채로움은 온도에 따라 불꽃의 색깔이 다른 것과 같은 이치이지요. 가령 오리온자리의 베텔게우스는 붉은색, 리겔은 청백색으로 보이고, 거문고자리의 직녀성은 흰색으로 보입니다.

별은 표면 온도가 높을수록 파란색을 띠고, 낮을수록 붉은색을 띱니다. 지구에서 가장 가까운 별인 해는 노란색을 띠고, 표면 온도가 섭씨 6000도이지요.

별의 삶과 죽음

인류에게 별은 '영원'을 상징합니다. 유럽의 반 고흐는 별을 즐겨 그렸고, 동아시아의 윤동주는 시를 통해 별을 노래했습니다. 유한한 생명체인 인류에게 별은 동경의 대상이었지요.

하지만 과학은 또 다른 진실을 알려 주었습니다. 별도 죽는다는 사실이 그것이지요. 물론, 별이 존재하는 시간대는 인간과 비교하기 어려울 만큼 천문학적 수준입니다. 하지만 분명한 것은 별이 결코 영원하지 않다는 사실입니다.

별 또한 인간이 그렇듯이 태어나지요. 우주에 있는 먼지나 가스를 과학자들은 '성간 물질'이라 부릅니다. 본디 이름 붙인 원어 그대로 한다면 '성간 매체Interstellar medium'입니다. 가스와 먼지가 커다란 구름 모양을 형성하는 것을 성운이라 하는데 바로 그 성운이 별을 만들어 내는 매체, 또는 별을 출산하는 자궁입니다.

성간 물질의 밀도가 높은 조건에서 가스와 먼지들이 결합하며 압축될 수 있고 마침내 '원시별proto star'이 탄생합니다. 원시별의 중력으로 성간 물질이 쉼 없이 모여들며 압축되면 중심 온도가 더 높아 가고 그만큼 주변의 물질매체을 더 끌어들이지요.

원시별의 내부 온도가 높아 가면 어느 단계에서 핵융합 반응이 시작되는데요. 그때 안정된 '주계열'*의 별이 됩니다. 별 중심부에서 수소의 핵융합 반응이 일어나며 에너지를 발산하지요. 바로 별의 청장년 단계입니다. 대다수의 별은 중심부에서 수소를 헬륨으로 전환하며 거의 모든 생애를 보내지요. 우리의 별, 해 또한 그 단계에 있습니다.

핵융합이 전개되면서 언젠가 별 내부의 수소가 바닥나게 마련이

---

* 주계열(主系列). 우주과학에서는 별을 표면 온도, 색지수, 분광형과 절대등급의 관계를 그래프화한 색 등급표로 분류하는데 이때 오른쪽 아래에서 왼쪽 위를 크게 가로지르는 무리의 별을 말한다. 온도가 높을수록 더욱 밝아지는 특성이 있다.

과학과 미술은 모두 자연을 탐구합니다. 과학이 등장하면서 미술은 종래의 기예 차원을 넘어 자연을 보는 인간의 내면을 표현해 갔지요. 빈센트 반 고흐는 별을 사랑했습니다. 1889년 <론강 위로 별이 빛나는 밤>(그림 위)에 이어 <별이 빛나는 밤>을 그렸습니다. 고흐는 "별을 보는 것은 언제나 나를 꿈꾸게 한다"면서 "우리는 별에 다다르기 위해 죽는다"고 했지요. 고흐는 허블 망원경으로 별을 관측하지 못했지만 그림 속의 별들은 실제 우주의 별들 모습과 비슷합니다. 예술적 직관과 과학적 연구가 만나는 지점이기도 합니다.

겠지요. 그에 따라 에너지도 시나브로 줄어들 수밖에 없습니다. 인간이 그렇듯이 모든 별에게 필연적으로 찾아오는 노화이지요.

별의 수명은 태어날 때의 질량이 좌우합니다. 질량이 커 무거운 별들은 수소가 핵융합하는 속도가 그만큼 빠르기 때문에 상대적으로 주계열에 오래 머무르지 못하고 일찍 늙어 갑니다.

그렇다면 질량이 적어야 좋은 걸까요? 그렇지는 않습니다. 일정한 질량을 갖추지 못하면 수소가 핵융합을 할 온도에 이르지 못합니다. 별이 되지 못한다는 뜻이지요. 스스로 빛을 내지 못하고 별 주위를 돌아만 다녀야 할 떠돌이별, 행성에 그칩니다.

인류가 살고 있는 지구가 바로 행성 가운데 하나입니다. 지구는 별이 아니라 우리가 '해'라고 이름 붙인 별 주위를 세 번째 궤도에서 돌고 있는 행성이지요. 혹시라도 별이 아니라 무시한다면 천만의 말씀입니다. 지구가 초고온의 별이 아니라 행성이기에 인류가 나타날 수 있었고 지금도 살 수 있는 것이니까요.

별이 주계열의 시기 – 사람도 그렇듯이 별의 일생에서 활발하게 운동하는 대부분의 시기이어서 과학자들은 '청장년기'라고 합니다 – 를 거치면, 적색거성이 됩니다. 적색거성. 잘 와 닿지 않은 용어인데요. 언젠가는 번역된 과학 개념들을 큰 폭으로 바꿀 필요가 있습니다. '적색거성'보다 '붉은큰별'로 표기하는 것이 우리에게 훨씬 쉽게 다가올 수 있으며 호기심도 불러일으킬 수 있겠지요.

폭발로 일생을 마칠 때 질량에 따라 중심부가 백색왜성·중성자별·

블랙홀로 변하지요. 질량이 해와 비슷한 별은 수소가 거의 바닥이 날 무렵에 적색거성으로 커집니다. 부피가 늘어난 '붉은큰별'은 마지막 단계에서 바깥 부분이 날아가 버리고 중심부의 핵만 남아 '흰작은별' 백색왜성을 이룹니다.

그런데 질량이 해의 10배 이상으로 큰 별은 폭발한 다음에도 중심부의 무거운 물질이 남겠지요. 그래서 이루는 별이 '중성자별'입니다. 중성자별은 빠르게 자전하면서 전파를 방출하지요. 해 질량의 30배가 넘는 별들은 강한 수축으로 빛조차 빠져나갈 수 없는 블랙홀을 형성합니다.

인류를 살 수 있게 해주는 별, 해는 태어난 지 46억 년이 된 별이지요. 앞서 해의 수명은 100억 년에 이른다고 했으므로 50억~70억 년이 지나면 적색거성으로 부풀어 오른 뒤 마침내 외곽이 모두 터지고 중심만 남아 창백한 작은 별로 죽음을 맞을 운명이 됩니다.

별도 탄생과 죽음이 있다고 하지만 인간의 그것과 견주는 것은 무리이지요. 인간의 수명은 아무리 건강해도 100년을 넘기기 어렵지만, 밤하늘의 뭇 별 가운데 지극히 평범한 별인 해의 수명은 100억 년에 이르니까요.

그래서이지요. 우주과학자들은 인간이 해를 관측하는 모습이 하루살이가 인류를 관측하는 꼴이라고 비유합니다. 비록 하루살이에겐 과학이 없지만 말입니다.

장구한 우주 속에서 살핀다면 별의 일생 또한 짧습니다. 지금 밤하늘에 빛나는 모든 별들은 단지 '시간' 문제일 뿐 언젠가 사라질 수밖에 없지요. 그 명확한 사실을 인식할 때, 새삼 우리는 우주의 신비를 느낄 수 있습니다.

우주의 시작

별은 생각하면 할수록 경탄과 경외감을 자아내는 존재입니다. 밤하늘 총총한 무수한 별을 보노라면 어느 순간 묻게 되지요. 저 숱한 별들, 은하와 은하군들, 그 모든 것은 다 어떻게 생겨났을까?

그 오랜 질문에 해결의 실마리를 제공한 과학자가 에드윈 허블입니다. 허블은 1923년 우리은하 바깥에 수많은 외부 은하가 존재한다는 것을 처음으로 밝혀냈지요.

더 나아가 허블은 멀리 있는 외부 은하들로부터 오는 빛을 분석한 결과 스펙트럼에 나타난 흡수선*이 본디 있어야 할 자리보다 붉은색 쪽으로 치우치는 사실을 발견했습니다.

천체가 관측자에 가까워 오면 천체가 내보내는 빛의 파장이 짧아지면서 스펙트럼의 흡수선이 파란색 쪽으로 치우치고, 멀어지면 파장이 길어지면서 스펙트럼의 흡수선이 붉은색 쪽으로 치우치게 됩

---

* 흡수선(吸收線). 별빛의 스펙트럼에 나타나는 검은 선으로 별의 온도에 따라 그 모양이 달라진다.

니다.

멀리 있는 외부 은하의 스펙트럼에서 바로 이 '적색 편이'가 나타나는 현상을 보며 허블은 외부 은하들이 우리은하로부터 멀어지고 있다는 결론을 내립니다. 우리은하로부터 멀리 있는 은하일수록 더 빨리 멀어졌지요. 허블은 이를 우주가 팽창하고 있는 증거로 보았습니다.

외부 은하가 멀어지며 우주가 팽창하는 현상을 이해하기 쉽게 과학자들은 풍선을 불 때와 견줍니다. 풍선 위에 스티커를 몇 조각 붙이고 풍선을 불면 풍선 위에 있는 스티커들 사이의 간격은 점점 멀어지지요.

우주가 끊임없이 팽창하고 있다면, 자연스럽게 새로운 물음이 생겨납니다. 시간을 과거로 돌려 보면 우주의 크기는 점점 줄어들고, 마침내 우주는 점과 같이 한곳에 모여 있는 상태에 이르겠지요. 그렇다면 그때 우주는 어떤 모습일까요?

과학자들은 연구를 거듭해 138억 년 전에 한 점에 모여 있던 우주에서 대폭발이 일어나 점점 팽창하여 현재와 같은 상태에 이르렀다고 설명합니다. 바로 '빅뱅 우주론'이지요.

우주의 크기가 계속 팽창하고 있다면, 시간을 거꾸로 돌려 과거로 돌아갈 때 어느 순간에 우주의 모든 물질이 한곳에 모여 있을 터입니다. 그렇게 모여 있던 우주가 대폭발Big Bang을 통해 지금까지 팽창해 현재의 우주 모습을 갖추고 있다는 것이 대폭발설이지요.

빅뱅의 순간, 수학적으로 표현하면 10^{-32}초. 인간이 상상할 수 없을 만큼 그 짧은 시간에 에너지는 급격하게 퍼져 나갑니다. 우주가 계속 팽창해 나가며 공간의 밀도와 온도가 점차 낮아지는 과정에서 별들이 탄생하였다가 사라지고 다시 태어난다고 설명합니다.

밀도가 대단히 높은 아주 작은 점이 대폭발을 하여 오늘날과 같은 우주로 진화하였다는 빅뱅우주론은 누구나 처음 들을 때 선뜻 받아들일 수 없을 만큼 의문점이 많습니다.

처음 이론이 제시되었을 때부터 논란이 일었지요. 우주 탐사를 통해 빅뱅을 입증할 여러 증거가 발견되어 현대 우주론에서 가장 보편적인 이론으로 자리 잡고 있지만, 모든 과학 이론이 그렇듯이 언제든 새로운 발견으로 수정할 수 있는 가설입니다.

빅뱅설에 근거해 다시 우주의 미래를 추론해 볼까요? 앞으로도 계속 팽창해 간다면 우주는 어떻게 될까요?

우주과학은 두 가지로 추론합니다. 팽창 우주설과 진동 우주설인데요.

먼저 팽창 우주설은 빅뱅으로 우주가 끊임없이 팽창해 나간다면 언젠가는 에너지가 다 소모되어 아무런 빛도 찾아볼 수 없는 죽음의 세계로 변하리라는 가설입니다.

반면에 진동 우주설은 우주가 팽창해 나가다가 언젠가 수축해 대폭발을 일으키기 전의 우주로 다시 돌아간다는 가설입니다. 원점으로 돌아가서는 다시 대폭발을 일으켜 지금의 우주처럼 팽창해 나감으로써 팽창과 수축을 되풀이한다고 봅니다.

빅뱅의 한 점을 추론한다고 해서 우리가 우주의 중심을 찾을 수 있는 것은 아닙니다. 우주의 중심이 어딘지는 현재로서는 알 수가 없습니다. 앞에서 비유했던 팽창하는 풍선을 다시 떠올려 보세요. 물론, 풍선 밖에서 관찰하면 중심이 어디인지 알 수 있지요. 하지만 풍선의 표면에 붙은 한 조각에서 다른 조각을 보아도 멀어지는 조각들만 보입니다. 풍선 밖에서 보지 못하는 한 풍선 중심의 위치가 어딘지 알 수 없지요.

우리는 지구로부터 멀어지는 은하들만 바라볼 수 있을 뿐, 우주의 중심을 알 수 없습니다. 실제로 빅뱅 과학자들은 중심이 어디인지 알 수 없다고 고백합니다.

다만 우주의 크기는 어느 정도 계산이 가능합니다. 138억 년 전에 폭발했으니 빛의 속도로 뻗어 나갔다면 우주의 반지름은 138억 광년이라고 추정할 수 있겠지요.

그렇다면 그 우주의 추정된 반지름 밖으로는 뭐가 있을까요? 빅뱅 이론에 따르면 우주가 대폭발하기 전에는 시간도 공간도 없다고 합니다. 말 그대로 아무것도 없는 곳에서 탄생하여 지금처럼 커져 왔다는 설명인데요. 138억 광년 너머 또한 시간도 공간도 없다고 해야겠지요. 그럼 무엇일까요? 그 영역은 현대의 과학에서도 여전히 베일에 가려 있습니다.

호기심1 우주는 캄캄한데 하늘은 왜 파랄까?

우주는 캄캄하죠. 그런데 우리와 가까운 하늘은 파랗습니다. 특히 가을 하늘은 새파랗지요. 파란 이유는 지구적 현상입니다. 지구로 오는 태양 광선, 햇빛이 대기의 공기 분자들에 산란되거든요. 그때 푸른색이 더욱 많이 산란되어 우리 눈에 들어오기 때문입니다.

그렇다면 캄캄한 우주와 파란 하늘 사이에는 무엇이 있을까요? 지구 표면을 둘러싸고 있는 대기의 높은 층에 올라가면 중력 때문에 공기 밀도가 가파르게 줄어들겠지요. 그럼 햇빛의 산란 현상은 약해질 수밖에 없습니다. 그래서 하늘의 색은 점점 짙어갑니다. 군청색으로 가다가 이윽고 짙은 보라색으로 변하지요. 중력으로 먼지가 줄어들어 산란 현상이 약해지고 푸른빛이 줄어들면서 점점 어두워지는 거죠. 보라색이 짙어 가는 끝자락에서 까만 우주가 시작됩니다.

낮에서 밤으로 변하는 하늘을 비행기에서 보면 파란 하늘이 점점 검어지는 현상을 한눈에 볼 수 있습니다. 빨간 해가 사라지는 석양에서 밤으로 가는 과정이 마치 흐리고 엷은 무지개처럼 보입니다. 주황색, 노란색, 초록색, 파란색, 남색, 보라색이 아주 얇고 흐릿하게 나타나지요.

그러니까 '창공'이라고도 불리는 파란 하늘의 실체는 기체의 여러 분자들과 대기 속에 분산되어 있는 자잘한 먼지들인 거죠. 그렇다면 한낱 먼지를 보며 우리가 파란 하늘의 아름다움을 찬탄하며 노래한 걸까요?

교사였던 신동엽 시인의 시 '누가 하늘을 보았다 하는가'를 짚어 보죠. 시인은 "누가 구름 한 송이 없이 맑은 하늘을 보았다 하는가" 묻습니다. '먹구름'과 '지붕 덮은 쇠 항아리'를 하늘로 알고 살아가는 사람들에게 그건 하늘이 아니라고 노래하지요.

"아침저녁/ 네 마음속 구름을 닦고/ 티 없이 맑은 영원의 하늘/ 볼 수 있는 사람은/ 외경*을/ 알리라."

언뜻 과학적 하늘관과 달라 보입니다. 하지만 어떤가요. 실제 구름 한 송이 없이 맑은 하늘을 보려면 먼지들을 닦아내야지요.

푸른 하늘 너머 검은 우주가 어떻게 맑으냐고 반문할 수 있겠지만, 그 또한 생각하기 나름일뿐더러 시적 은유로도 이해할 수 있거든요.

더구나 이 시의 주제 의식은 마지막 대목에 있습니다. 영원의 하늘을 볼 수 있는 사람은 외경을 알리라, 그 말은 과학자도 시인도 깊이 공감할 지점입니다.

---

* 외경(畏敬). 공경하면서도 두려워함.

호기심2 지금 보는 북극성은 임진왜란 때의 빛

북극성. 우리에게 잘 알려진 별입니다. 북쪽을 가리키는 상징이지요. 그런데 북극성 별빛은 지금 빛나는 게 아닙니다.

빛이 1초에 30만 킬로미터를 뻗어 나간다고 하죠. 말 그대로 빛의 속도광속입니다. 1초에 30만 킬로미터면 21세기 현재의 인간으로선 꿈조차 꿀 수 없는 속도입니다. 하지만 우주에서는 다릅니다. 너무 넓다 보니 빛조차도 느리게 가는 듯이 보이는 거죠.

북극성과 우리의 거리는 대략 400광년 정도라고 합니다. 그러니까 우리가 지금 보고 있는 북극성의 별빛은 400여 년 전에 출발한 빛이지요.

만일 북극성에 어떤 지적 생명체가 현재 존재한다면 그가 망원경으로 관찰한 지구는 임진왜란이 벌어질 무렵입니다. 그 생명체와 우리는 400여 년의 시차를 두고 공존하는 셈이지요. 전혀 그럴 가능성은 없지만, 만일 오늘 이 순간 북극성이 폭발한다고 하더라도, 밤하늘에서 사라진 모습은 400여 년 후의 우리 후손들이 보게 되겠지요.

북극성은 그래도 가까운 별입니다. 수백만 년, 아니 수십억 년 전에 출발한 별빛도 있습니다. 만일 6500만 광년 떨어진 별에서 지금 이 순간 누군가가 있어 지구를 본다면, 그 지구에는 공룡이 살아 활개치고 있을 것입니다.

우주과학자 윌리엄 허셜은 밤하늘의 별을 유령이라고 했습니다. 해 다음으로 우리에게 가장 가까운 별프록시마 켄타우리조차 4.3광년 떨어져 있으니 지금 우리가 보는 그 별은 4.3광년 전 프록시마입니다. 밤하늘을 수놓는 무수한 별들은 우리 눈에는 동시에 들어오지만 같은 시간대의 별들이 전혀 아닙니다. 어떤 별은 가까운 과거, 어떤 별은 더 먼 과거의 모습이니까요.

내가 살기 이전, 더 멀리 지구가 태어나기 이전의 우주를 본다는 것은 매우 흥미진진하고 놀라운 일입니다.

그러나 놀라움을 넘어 우주라는 무한한 공간에서 현재와 과거가 공존하는 경험은 시간에 대한 근원적인 질문을 떠올리게 합니다. 마치 내 마음속에 현재와 과거가 공존하듯 무한한 우주에서 인간이 경험하는 시간에 대한 의문입니다. 우주의 시간이란 과연 무엇일까요?

2장

해의 가족: 태양계

생명의 어머니 '해'의 이모저모

하늘의 개념이 우주의 개념으로 확장된 오늘날, 현대 우주과학의 눈부신 성과로 이제 하늘의 주인이라는 해의 개념은 통용되지 않습니다.

하늘의 개념이 크게 넓어진 만큼, 그 우주에서 해의 위상도 혁명적으로 바뀌었습니다. '셀 수 없이 많다'는 비과학적 표현이 가장 과학적이라 할 만큼 많은 별들 속에서 해는 정말 평범한 별 가운데 하나이거든요.

우리은하의 변두리에 있을 뿐만 아니라 크기로 보아도 지금까지 발견된, 우주에서 가장 큰 별과 견주면 작은 별입니다. 관측된 가장 큰 별은 방패자리 'UY스쿠티UY Scuti'라는 이름을 얻은 별인데요. 해보다 1700배나 큽니다. 수치가 실감 나지 않지요? 해가 지름 2미터 정도의 대형 트랙터 바퀴라면, 방패자리 UY스쿠티는 백두산 높이의 1.5배 크기입니다.

하지만 평범한 별 '해', 우리의 해는 인류에게 절대적인 존재입니다. 인간만이 아니라 지구에 있는 모든 생명체에게 어머니와 같은 존재이지요.

인간이 지금 살아갈 수 있는 모든 조건이 근원적으로 해로부터 나옵니다. 일상에서 햇빛이 사라질 때의 추위와 강렬할 때의 더위를 떠올려 보면 금세 실감 나겠지요.

해에 작은 변화가 오더라도 그 추위와 더위의 강도가 인류가 감당하기 어려울 수 있습니다. 자칫 인류 전체가 치명적 위협을 받을 수도 있지요.

해는 지구보다 33만 배나 무겁습니다. 해의 지름은 지구 109개를 옆으로 나란히 놓아야 할 130만 킬로미터이고, 둘레는 500만 킬로미터에 이릅니다. 해의 수명은 100억 년 안팎으로 추정되고 있지요. 46억~50억 년 전에 제대로 된 모습을 갖추었다고 합니다.

인간의 감수성으로 비유하자면, 해는 쉬지 않고 수소 폭탄을 터트리며 불타는 거대한 기체 덩어리입니다.

캄캄한 우주에 살고 있는 인류가 낮에 햇빛을 받는 이유이지요. 기체인데도 중력으로 흩어지지 않고 뭉쳐 있습니다. 지구에 수소 폭탄이 터지면 인류에게 재앙이지만, 하늘에서 수소 폭탄이 끊임없이 연쇄적으로 터지는 형태가 별인 셈입니다.

해의 깊은 곳으로부터 뜨거운 가스 덩어리가 올라와 표면에서 부글부글 끓어 열기를 방출하고 다시 내부로 들어가 가라앉지요. 내부 온도는 어느 정도일까요?

상상을 초월합니다. 인간은 섭씨 100도만 되어도 그곳에 손을 댈 수 없습니다. 그런데 해의 내부 온도는 1500만 도에 이릅니다. 그곳에서 핵융합이 일어나며 1초마다 400만 톤1톤=1000킬로그램의 질량을 빛으로 바꾸지요.

그 빛이 표면으로 나타날 때까지는 광자들의 충돌로 1000만 년이 걸립니다. 우리의 별, 해가 보내는 빛은 내부 충돌 과정까지 계산하면 1000만 년을 지나 우리에게 온 '자비'이자 '축복'입니다.

1000만 년에 걸쳐 해의 표면으로 나온 햇빛이 지구에 도착하는 시간은 8분입니다. 물론 1초도 쉼 없이 말 그대로 빛의 속도로 온 거지요.

해는 밝고 둥글게 보이는데요. 우리는 표면만 보는 셈입니다. 끓고 있는 해의 열기는 표면으로 나오면서 온도가 많이 내려가지요. 그래도 5500~6000도입니다.

해의 표면을 우주과학자들은 '광구光球, photosphere'라고 이름 붙였

에드바르 뭉크가 1913년에 완성한 <태양>은 노르웨이 회화의 기념비적 작품이라는 평가를 받고 있습니다. 거대한 해가 발산하는 생명력이 화면 가득 담겼습니다. 뭉크가 표현한 생명력은 해의 과학적 위상과 일치합니다.

지요. 굳이 풀이하자면 '빛이 나오는 공'입니다. '빛공'으로 번역해도 좋을 듯싶지요.

광구의 두께는 400킬로미터 정도로 지구에 오는 햇빛의 대부분이 여기서 나옵니다. 천체 망원경으로 해의 표면을 관측하면 검은 점흑점을 볼 수 있는데요. 주변보다 온도가 낮아 어둡게 보일 뿐입니다.

광구 위로 해의 대기가 넓게 퍼져 있습니다. 두께 6000킬로미터 정도의 붉은 대기층을 채층彩層, chromosphere이라 부릅니다. 채층 위로 멀리까지 뻗어 있는 대기층을 코로나corona라고 하지요. 광구가 너무 밝기에 평소에는 해의 대기를 관측하기 어렵습니다.

흑점 부근에서 분출해 코로나로 이어지는 불꽃 덩어리가 있는데요. 홍염紅焰, prominence입니다. 홍염은 수소가 주성분인 붉은 가스체로 해의 표면에서 나타나는 현상 중에서 가장 아름답다는 평가를 받고 있습니다. 주로 고리 모양으로 나타나는데, 개기 일식 때 볼 수 있지요. 흑점 부근에서 폭발이 일어나는 순간 흑점 위 채층의 일부가 매우 밝아지는 현상은 플레어flare라고 부릅니다.

과학자들이 자연 현상에 세세하게 이름을 붙이는 이유는 그래야 다른 과학자들과 연구 과정이나 연구 성과를 소통할 수 있기 때문입니다. 그냥 암기하기보다는 현상을 떠올리며 기억하는 습관을 들이면 더 좋겠지요.

우리의 별, 해는 독불장군이 아닙니다. 혼자가 아니라 자신을 돌고 있는 여덟 행성과 함께 있습니다. 하나의 가족을 이룬다고 볼 수 있겠지요. 행성들 또한 자신을 공전하는 위성을 지니고 있습니다. 그 모두를 아울러 '태양계'라고 합니다.

행성과 위성이 숫자는 많지만 크기는 미약합니다. 해가 태양계 전체 질량의 99.85퍼센트를 차지하거든요. 지구를 포함한 모든 행성을 합친 질량의 750배 이상이지요. 해의 부피는 지구 130만 개가 들어갈 규모의 공간입니다.

해의 식구들

그렇다면 해는 어떻게 태어났을까요? 보편적인 별의 일생과 다르지 않습니다. 50억여 년 전에 우리 태양계는 수소 가스와 먼지들로 이루어진 황무지였습니다.

티끌들도 당연히 질량이 있으므로 서서히 끌어당기다가 어느 한 곳에 중심이 형성되어 갔겠지요. 자연스레 중심으로 가스와 먼지들이 몰려들고, 더 많은 충돌이 일어납니다. 가스와 먼지들이 서로 충돌할 때마다 운동 에너지가 열에너지로 전환되고, 온도가 오르면서 마침내 희미한 빛이 나기 시작합니다.

원시별 해가 탄생한 거죠. 원시별이 주변의 가스와 먼지를 더 많이 끌어들이고 수축해서 중심의 온도가 어느 수준에 이르면 수소 네 개가 하나의 헬륨으로 합쳐지는 핵융합이 일어납니다. 중력에 의한 수축을 멈추고, 중심핵의 핵융합이 안정화되면 '어른 별'인 주계열별이 됩니다. 지금도 핵융합으로 에너지를 만들어 태양계 전체에 공급하고 있지요.

중심핵의 수소는 핵융합을 통해 헬륨으로 전환되기에 연료로 사용되는 수소는 점점 줄어들 수밖에 없습니다. 중심에 헬륨 핵이 계속 늘어나 해의 중심 온도가 매우 높아지면 질적 변화가 일어납니다. 바깥쪽으로 빠르게 팽창하며 해의 반지름이 자신 주위를 돌고 있는 행성인 수성을 넘어 금성 궤도에 이를 만큼 부풀어 오릅니다. 그때 지구의 표면은 이미 증발했겠지요. 거대해진 해의 표면은 온도가 상대적으로 낮아져 지금보다 더 붉은색으로 변하지요. 바로 적색거성 단계입니다. 해가 늙어 죽음으로 가는 단계에 들어서는 거죠.

언젠가 이뤄질 과학적 필연입니다. 설마 하겠지만 모든 인간이 죽음을 맞듯이 우리의 별 해도 언젠가는 사라집니다.

그러나 공연한 걱정을 할 필요는 없겠지요. 2000년대를 살아가는 사람들이 해의 죽음을 걱정하는 것은 문자 그대로 기우입니다. 중국 기杞나라의 어떤 사람이 하늘이 무너지고 땅이 꺼질까 봐 걱정을 하다가 결국 먹고 마시지도 않고 드러누웠다는 얘기에서 '기우杞憂'라는 말이 생겨났지요. 지나친 걱정이나 쓸데없는 우려를 이르는 말이 되었는데요.

해는 서기 3000년대에도, 5000년대에도 건재하다는 게 과학의 결론입니다. 앞으로도 수십억 년 넘게 오늘처럼 존재할 테니까요.

다만, 언젠가는 해가 사라진다는 과학적 사실을 알고 있을 때, 삶을 바라보는 우리의 자세는 달라질 수 있겠지요. 얼마나 겸허해지는가는 사람마다 다를 것입니다. 이 책을 읽는 독자들 개개인의 몫으로 남겨 두지요. 내면의 성숙은 누구도 강제할 수 없으니까요.

그럼 이제 해 주위를 돌고 있는 행성들에 대한 과학적 연구 성과를 살펴볼까요? 태양계에서 유일하게 스스로 빛을 내는 별, 해를 중심으로 행성은 서에서 동으로 공전합니다. 스스로 빛을 내지 못하는 행성을 해와 가까운 순서로 나열하면 수성, 금성, 지구, 화성, 목성, 토성, 천왕성, 해왕성이 됩니다. 서로 형제자매라 할 수 있겠지요.

여덟 개 행성은 물리적 특성에 따라 지구형 행성과 목성형 행성으로 나눕니다. 지구형 행성은 수성, 금성, 지구, 화성인데요. 질량과 크기가 작고 밀도가 큽니다. 표면은 단단한 암석이지요. 반면에 목성형 행성은 목성, 토성, 천왕성, 해왕성으로 질량과 크기가 큰 대신 밀도는 작습니다. 표면이 단단하지 않을뿐더러 사실상 기체 덩어리라 할 수 있습니다. 목성형 행성은 지구형 행성과 달리 위성도 많고 고리가 있지요.

지구형 행성은 행성 사이의 거리가 가깝고, 목성형 행성은 행성 사이의 거리가 멉니다. 가장 멀리서 해를 돌고 있는 해왕성은 해와 지구 사이의 거리보다 30배나 떨어져 있지요.

해와 가장 가까이 있는 수성은 여덟 행성 가운데 가장 빨리 공전합니다. 대기가 없고, 표면에 달처럼 운석 구덩이가 많습니다. 낮과 밤의 표면 온도 차이는 아주 커서 낮에는 420도, 밤에는 영하 180도입니다.

수성과 지구 사이의 금성은 표면에 높낮이가 분명하고 화산이 펴져 있습니다. 우리나라에서는 해 뜨기 전 동쪽 하늘에 보이는 금성을 샛별또는 계명성이라고 불렀고, 해가 진 뒤 서쪽 하늘에 보이는 금성을 개밥바라기태백성, 장경성라고 불렀습니다. 아침과 저녁에 보이는 금성을 각각 다른 '별'이라 생각했지요. '새로 나온 별'과 '개 밥그릇을 챙길 때 뜨는 별'로 말입니다.

아침저녁으로 나타나는 천체를 서로 다른 별로 생각하는 착시는 과학 이전의 시대였기에 다른 나라에서도 마찬가지였습니다. 중국 시경詩經에는 "동쪽엔 계명, 서쪽엔 장경"으로, 영어권에선 황금빛으로 빛나는 '모닝 스타morning star'와 저녁의 '이브닝 스타evening star'로 각각 불렀지요. 동양이든 서양이든 별항성과 행성을 구별하지 못했던 시대의 삽화입니다.

금성은 아름다운 외모와 달리 이산화탄소로 가득 찬 대기로 인해 표면 온도가 500도에 이릅니다. 지옥과 같이 뜨거운 행성이지요. 불교에서 석가모니가 새벽 동쪽 하늘에 빛나는 별을 보며 해탈을 이뤘다고 전하는 그 별이 금성입니다.

세 번째 행성인 지구를 거쳐 다음 행성이 화성입니다. 화성은 표면이 붉은색 산화철로 뒤덮인 암석과 흙으로 덮여 있지요. 화성의 표면 온도는 지구가 15도인데 비해 낮에도 영하 80도이며 화산이 분포해 있습니다. 지구와 같이 계절 변화가 나타나지요. 양쪽 극지방에 하얗게 빛나는 극관極冠, polar cap이 발견되는데요. 수증기와 이산화탄소로 된 얼음입니다. 물이 흐른 흔적 같은 협곡이 있지만 생명체는 발견되지 않았습니다.

목성은 태양계 행성 가운데 가장 크고, 빠르게 자전하면서 표면에 가로줄 무늬가 있지요. 적도 부근에는 대기의 소용돌이가 나타나며, 고리가 있습니다. 조금 더 컸더라면 해의 아우가 될 뻔한 행성으로 수십 개의 위성들을 거느리고 있습니다.

목성 다음으로 부피가 큰 토성에도 표면에 가로줄 무늬가 있습니다. 얼음 알갱이와 암석 조각으로 이루어진 고리는 얇지만 넓어, 지구에서 보아도 뚜렷합니다. 천왕성은 청록색, 가장 먼 해왕성은 파란색으로 보입니다.

행성들의 유럽식 이름을 짚어 볼까요? 수성은 전령의 신, 머큐리Mercury입니다. 실제로 수성, 곧 머큐리는 해를 가장 가깝게 돌며, 1초에 48킬로미터의 공전 속도로 행성 중에 가장 빨리 달립니다.

금성은 한국인들이 샛별로 부를 만큼 밝은데 유럽인들도 미의 여신 '비너스'로 불렀습니다. 과학이 밝힌 실상은 전혀 다르지요. 화성은 붉게 보여 전쟁의 신 '마르스Mars'로 여겼어요. 목성은 신들의 왕인 제우스를 빌려 '주피터'라 불렀습니다. 목성이 행성 가운데 가장 크기에 그나마 과학적 사실에 부합한다고 할까요.

토성의 영어 이름 '새턴Saturn'은 농경의 신 사투르누스Saturnus에서 유래했다는 풀이와 해에서 멀고 운행이 느려 제우스의 늙은 아버지 '새턴'이라 했다는 주장이 있습니다.

근대에 들어와 망원경이 발명된 뒤 발견된 천왕성, 해왕성도 고대의 신 이름을 붙였습니다. 천왕성은 제우스의 할아버지 '우라노스'로 명명했지요. 목성-토성-천왕성으로 제우스 가문의 삼대가 이어진 셈이지요.

해왕성은 바다의 신 '넵튠'의 이름을 부여했는데요. 해왕성이 파란색으로 보여 바다를 상징하는 이름이 지어졌다고 설명합니다. 지금도 해왕성은 '파란 진주'라는 별칭을 지녔지요. 동아시아에서도 앞의 행성들 이름과 달리 오행*으로 모두 담을 수 없어 서양의 작명 방식을 따른 셈입니다.

지구는 어떻게 작명했을까요? 지구는 대지의 여신 가이아Gaea로 이름 지어졌습니다. 우라노스의 어머니이니 최초의 신이라 할 수 있겠지요.

그런데 우주과학자들은 우리가 흔히 떠올리는 태양계의 모형이 해와 여덟 행성의 관계를 잘못 인식하게 한다고 지적합니다. 행성 순서대로 다닥다닥 붙여 배열된 흔한 모형은 아무리 상징이라 해도 현실과는 전혀 딴판이라는 거죠. 그렇다면 과학이 정확하게 배열한 태

---

* 동아시아에선 전통적으로 우주 만물의 생성·변화·소멸을 음양(陰陽)의 조화와 오행(五行)의 순환으로 설명했다. 오행은 물(水), 나무(木), 불(火), 흙(土), 쇠(金)로 현재 요일은 물론 행성의 이름으로 쓰이고 있다.

양계 모형은 어떤 모습일까요?

책에 그 모형을 그려 놓기가 어려울 정도입니다. 해에서 가장 가까운 수성조차 5800만 킬로미터 떨어진 곳에서 궤도를 돌고 있거든요. 금성은 1억 700만 킬로미터, 지구는 1억 5000만 킬로미터 떨어져 있습니다. 화성은 길쭉한 궤도를 그리며 공전해서 해와의 거리는 일정하지 않지만 평균 2억 2500만 킬로미터 정도입니다. 목성은 훨씬 멀어 7억 8000만 킬로미터, 토성은 목성에서 다시 14억 킬로미터 떨어져 있지요. 천왕성은 해에서 27억 킬로미터 거리, 마지막 행성 해왕성은 천왕성에서 16억 킬로미터 더 멉니다.

해가 사과 정도의 크기라면 지구는 그 사과에서 10미터 떨어진 곳에 있는 모래알 크기입니다. 이제 태양계의 실제 모습이 상상되나요.

그런데 여덟 개의 행성만 해를 공전하는 것은 아닙니다. 행성 외에도 해를 중심으로 공전하는 천체들이 있습니다. '소행성Asteroid'들이지요.

소행성은 말 그대로 행성보다 작으면서 해의 주위를 공전하는 천체이지요. 화성과 목성 궤도 사이에선 띠를 이루고 있어, 이를 소행성대Astroid belt라고 부릅니다.

현재까지 발견된 소행성은 25만여 개에 이릅니다. 해마다 수천 개가 넘는 소행성들이 발견되고 있지요. 인간이 새로 발견한 소행성의 궤도가 확정되면 고유 번호를 붙이는데요. 발견한 사람이 원할 때는 그의 이름을 붙일 수 있습니다. 그래 봐야 한낱 인간의 욕심이겠지만 말입니다.

소행성들은 그 수에 비해 질량은 작아서 소행성대의 전체 질량도 지구 질량의 1000분의 1 정도로 추정됩니다.

국제천문연맹IAU, International Astronimical Union은 2006년 총회를 열고 소행성보다 크지만 행성은 아닌 행성들을 '왜소 행성dwarf planet'이라고 새롭게 분류했습니다. 말 그대로는 '난쟁이 행성'인 왜소 행성의 정의는 '해를 중심으로 공전하는 궤도와 원형의 형태를 유지할 중력을 갖는 데 충분한 질량을 갖고 있지만, 궤도 주변의 다른 천체들을 흡수할 수는 없는 행성'으로 정리되었지요. 이에 따라 상대적으로 큰 소행성이 왜소 행성 – 과학자들은 왜 '난쟁이'나 '왜소'라는 이름을 붙일까요? 그냥 '작은 행성'으로 붙이면 좋을 텐데요. 이 경우 기존의 소행성은 '잔 행성'으로 붙이면 되겠지요 – 으로 분류되었습니다.

하지만 소행성에서 왜소 행성으로 '등급'이 올라가기만 한 것은 아닙니다. 2006년까지는 과학자들이 해왕성에 이어 명왕성을 아홉 번째 행성으로 꼽았거든요.

명왕성은 플루토Pluto라고 불렸는데, 죽음·지하 세계의 신 이름에서 따왔지요. 플루토의 그리스식 이름인 하데스는 눈에 보이지 않는다는 뜻을 지니고 있습니다. 명왕성이 너무 작아 발견에 어려움이 많았다는 점에서 붙여진 이름이지요. 실제로 명왕성은 행성들 중 가장 작고 어두우며 질량도 지구의 5분의 1 정도입니다. 공전 주기는 248

년이지요.

명왕성 발견 이후에 크기와 질량이 비슷한 소행성들이 잇따라 발견되자, 국제천문연맹은 과학계에서 76년 동안 태양계의 가장 바깥 행성으로 분류되어온 명왕성을 왜소 행성으로 낮추며 '소행성 134340'이라는 이름을 붙였습니다. 명왕성, 아니 소행성134340은 크기도 작고, 주변의 얼음 부스러기들을 끌어들일 만한 중력도 없었거든요.

여전히 신비로운 달

해 주위를 공전하는 천체가 있듯이, 행성 주위를 공전하는 천체가 있습니다. 바로 위성이지요. 물론, 왜소 행성이나 소행성은 중력이 약해 위성을 가질 수 없습니다. 수성과 금성도 위성이 없습니다.

지구는 위성을 갖고 있지요. 고대로부터 인류의 사랑을 받아 온 달입니다. 과학 이전의 세계에선 해와 달이 낮과 밤을 지배한다고 보았지만, 달은 해는 물론, 해를 돌고 있는 행성과도 견줄 수 없는 위성일 뿐입니다.

과학으로 달의 '지위'가 드러났다고 무시해도 될까요? 그렇지는 않겠지요. 달은 여전히 우리 삶에 중요한 지위를 차지합니다. 지구에서 가장 가까운 천체이니까요.

단원 김홍도가 1796년 그린 <소림명월도疏林明月圖>는 달을 가장 아름답게 표현한 한국화로 꼽힙니다. 단원은 앙상한 잡목들 사이로 보름달을 평범하게 그림으로써 달관의 경지를 보여 줍니다. 인류에게 달이 얼마나 친숙한 존재인가를 잘 드러내 주고 있지요. 현대 과학은 저 달이 지구에서 떨어져 나갔다고 설명합니다.

달은 인류에게 밤을 밝혀 줄 뿐만 아니라 실제로 썰물과 밀물을 통해 바다 수면의 높이에 영향을 줍니다. 어부들에게 달은 삶과 직결되지요. 바다 수면의 높이차를 이용해 전기를 얻기도 합니다. 정월 대보름과 한가위 명절을 비롯해 달과 연관된 행사나 놀이가 많지요. 고대로부터 달은 문학적, 예술적, 종교적 상상력의 원천이기도 했습니다.

달은 스스로 빛나지 못하고 햇빛을 반사하여 밝게 보이며, 그 모양이 밤마다 조금씩 달라집니다. 달은 언제나 서에서 동으로 이동하죠. 달의 위치가 날마다 달라지는 이유는 달이 지구 주위를 돌고 있기 때문입니다. 달이 지구를 중심으로 서에서 동으로 도는 운동을 달의 공전이라 하지요.

그렇다면 달은 어떻게 태어났을까요? 여러 가설이 있습니다. 지구가 만들어질 때 함께 생겼다는 '동시 생성설'이 있고, 태양계 밖의 천체를 지구가 중력으로 끌어 왔다는 '포획설'이 있지요.

그러다가 충돌설이 나왔습니다. 커다란 천체가 지구와 부딪혀 합쳐지는 과정에서 충돌의 충격으로 일부가 떨어져 나가 달이 생겼다는 학설인데요. 달이 떨어져 나가 움푹 파인 자리로 물이 모여 태평양이 되었다고 설명합니다. 동시 생성설이나 포획설보다는 설득력이 더 있지요. 현재 과학계에서 가장 유력한 학설로 평가받고 있습니다.

진실은 무엇일까요? 정답은 '아무도 모른다'입니다. 다만, 현재로서는 충돌설이 가장 유력할 뿐 신비의 영역으로 여전히 남아있지요.

지구가 현재 화성 질량의 2배 정도 되는 천체와 충돌했다는 추정도 우리의 상상력을 몹시 자극합니다.

달은 맨눈으로 보아도 밝고 어두운 부분이 있지요. 과학자들은 밝게 보이는 곳을 달의 고지, 어둡게 보이는 곳은 달의 바다로 이름 붙였습니다. 물론, 실제로 바다가 있는 것은 아닙니다. 어둡게 보이는 진짜 이유는 그곳 표면이 현무암질 암석으로 덮여 있어서이지요.

위성이 없는 수성·금성에 이어 지구가 달이라는 위성을 가진 사실을 짚어 보았는데요. 화성은 위성이 두 개입니다. 달이 두 개인 셈이지요. 달이 둘이라, 상상이 잘 안 가지요. 하지만 목성과 토성의 '달'은 각각 60여 개에 이릅니다.

태양계에는 행성과 위성 외에도 혜성이 있습니다. 혜성은 먼지와 얼음으로 이루어져 궤도 운동을 하는 천체이지요. 혜성이 해에 가까워지면 태양풍의 영향을 받아 해 반대 방향으로 꼬리가 만들어집니다. 핼리 혜성과 같은 몇몇 혜성은 주기적으로 관측되지요.

혜성이나 소행성에서 떨어져 나온 잔해물이나 태양계에서 떠돌던 먼지나 작은 암석 조각이 지구의 중력 때문에 끌려 들어와 대기와 마찰하여 타면서 빛을 낼 때 그것을 '유성' – 우리말로 더 생생하게 표현한 '별똥별'이 있습니다 – 이라고 합니다. 수많은 유성이 한꺼번에 떨어지면 유성우라고 부르지요. 유성이 비처럼 내린다는 뜻입니다 다시 강조하지만 '별똥비'라고 써도 좋을 것을 굳이 기존의 과학자들은 유성우라고 쓰네요.

별똥별이 다 타 버리지 않고 땅에 떨어진 것이 운석입니다. 유성은 물론 지구에만 떨어지는 것은 아닙니다. 일찍이 1609년 갈릴레이가 망원경으로 관측해 스케치한 달 표면은 울퉁불퉁한데요. 실제 달 표면에는 움푹 파인 구덩이가 많이 있습니다. 운석이 충돌하여 생긴 것이지요.

나중에 살펴보겠지만 운석은 지구의 운명에 큰 영향을 끼쳤고, 앞으로도 그럴 가능성이 있습니다.

다이아몬드 별이 우주에 정말 있을까?

별 전체가 다이아몬드라면 어떨까요? 상상이 가능한가요. 과학자들에 따르면 실제로 그런 별이 있습니다.

별이 청장년기를 모두 마치고 적색거성 단계에 들어가면 중심의 헬륨 핵질량이 점점 커지고 온도가 높아지게 됩니다. 헬륨 핵의 온도가 1억 도까지 올라가면 헬륨이 핵융합을 하면서 탄소로 됩니다.

헬륨에 의한 핵융합은 수소 핵융합에 의한 에너지보다 훨씬 더 많은 에너지가 생성되어 팽창되는 힘이 커지기 때문에 별 전체가 순식간에 커지게 됩니다. 별이 갑작스레 커지면 중심 온도가 떨어지기 때문에 헬륨 핵융합 과정이 멈추지요. 별은 중력에 의해 수축하다가 중심 온도가 올라갈 때 다시 헬륨 핵융합이 일어나 커지게 됩니다. 별이 사람의 심장처럼 맥동을 하는 것입니다. 이 단계를 맥동 변광성이라고 하는데요. 변광성 단계는 별이 주기적으로 팽창하고 수축하는 상태로 지속됩니다.

맥동 변광성이 팽창과 수축을 반복하는 동안 엄청난 양의 가스가 별 표면에서 빠져나갑니다. 가스를 전부 뱉어 내고 나면 중심에는 지금의 태양 지름 100분의 1 정도인 지구 크기와 비슷한 조그만 별이 오랫동안 남게 됩니다. 백색왜성이지요. 흰작은별 주변에는 맥동 변광성이 죽기 전에 뱉어 낸 가스들이 희뿌옇게 구름처럼 퍼져 있습니다.

백색왜성의 표면은 얇은 수소와 헬륨의 층이지만 그 내부는 전체가 탄소로 빽빽이 들어차 있는 다이아몬드 구조입니다. 이것이 신문과 방송으로 널리 알려진 '다이아몬드 별'입니다.

만약 다이아몬드 별을 누군가 소유할 수 있다면 우주적 차원의 큰 부자가 되겠지요. 그런데 지구만 한 다이아몬드가 우리 인간에게 어떤 의미가 있을까요?

만일 다이아몬드 별에 도착했다고 해서 횡재했다고 생각한다면 정말 어리석은 일이겠지요. 다이아몬드 별에 발을 내디디자마자 사람은 엄청난 중력 때문에 종이보다 더 얇은 상태로 납작해져 바닥에 달라붙게 됩니다.

백색왜성은 시간이 지날수록 온도가 낮아져 점점 어두워집니다. 결국 전혀 빛을 내지 못하는 흑색왜성으로 싸늘하게 식어갈 것입니다. 수십억 년 뒤 해가 죽기 시작하면 언젠가 해의 안쪽에도 탄소가 모여 다이아몬드가 생길지도 모르지요. 인류에게는 물론 대재앙입니다.

호기심2 '해 가족'의 맏이 목성이 지구 수호자?

지구형 행성은 작은 암석 행성이며 목성형 행성은 커다란 기체 행성입니다. 과학자들은 지구형 행성과 목성형 행성의 생성을 비교 연구하면서 태양계의 형성 과정을 밝히려 노력하고 있습니다.

최근 목성 근처 소행성대에서 지구로 날아온 운석을 분석한 결과, 목성이 태양계에서 가장 먼저 형성된 행성이라는 연구 결과가 발표되었습니다. 태양계가 만들어진 직후라 할 초기 100만 년쯤에 원시 목성이 만들어졌다는 것입니다.

목성은 태양계 여덟 개 행성을 모두 합쳐 놓은 질량의 3분의 2 이상을 차지하고 지름이 약 14만 3000킬로미터로 지구의 약 11배에 이르는데요. 바로 그렇기에 '지구의 수호자'라는 별명을 얻었습니다. 왜 그럴까요?

목성은 46억 년 동안 수많은 혜성과 소행성을 끌어들였고 그 결과 지구를 지켜 주었습니다. 만일 목성이라는 '방패'가 없었다면 지구와 소행성들이 충돌할 가능성은 높았다고 과학자들은 분석합니다.

더욱이 목성은 막강한 중력으로 지구로 하여금 해와 적당한 거리를 유지할 수 있게 함으로써 지구에서 생명체가 살 수 있는 온도 조건을 만들어 주었습니다.

60여 개에 이르는 목성의 달을 처음 발견한 과학자는 갈릴레이입니다. 1610년에 직접 만든 망원경으로 목성의 네 개 위성을 관측했지요. 갈릴레이가 발견한 위성들은 목성에서 가까운 순으로 이오, 유로파, 가니메데, 칼리스토입니다. 목성 이름이 '제우스'에서 왔듯이 위성 이름은 제우스의 아내들 이름을 붙였지요.

천왕성과 해왕성도 위성을 각각 27개, 13개 지녔는데요. 해 가족의 숱한 위성들 가운데 '맏이'답게 목성의 위성 '가니메데'가 가장 큽니다.

가니메데는 수성보다 커서 지구의 달을 제외하고 눈으로 볼 수 있는 유일한 위성이지요. 달의 지름이 3476킬로미터인데, 가니메데의 그것은 5262킬로미터에 이르거든요. 그중 유로파는 영하 170도의 두꺼운 얼음층 아래 바다가 있을 가능성도 보여 과학자들의 흥미를 끌고 있습니다. 거대한 목성의 중력이 유로파를 잡아당겨 생기는 마찰열로 얼음층이 녹고 다시 얼기를 반복하면서 바다를 형성한다는 추측은 상상만으로도 놀라운 일입니다.

우주 탐사선 '주노'가 수소와 먼지로 이루어진 거대한 기체 행성 목성을 더욱 가까운 곳에서 탐사하며 태양계 생성 과정의 신비를 한 꺼풀 더 벗겨 줄 수 있을지 기대됩니다.

3장

우주의 원자, 원자의 우주

만물의 근원을 찾아서

넓고 큰 우주와 그 속의 '아주 작은 태양계'를 살펴보았습니다. 과학자는 그 아주 작은 태양계에서도 참 작은 존재입니다.

시간적으로도 과학의 역사는 우주의 138억 년과 견주면 겨우 300여 년으로 '찰나'에 가깝습니다. 하지만 '아주 작은 태양계의 아주 작은 존재'는 '찰나'의 시간 내내 인간을 둘러싼 넓고 큰 세상을 탐구해 왔지요. 우주에 있는 모든 물체를 이루는 재료, 만물의 바탕이 무엇인가를 찾으며 그것을 '물질matter'이라고 이름 붙였지요.

물질의 성격과 그것이 나타내는 모든 현상, 그들 사이의 관계나 법칙을 연구하는 학문이 물리학입니다. 물리학의 영어명 'physics'의 어원은 고대 그리스어로 '자연' 또는 '자연학'을 의미합니다. 고대 그리스 이후 2000년 동안 서양에서는 물리학을 화학, 수학과 함께 자연 철학으로 불렀습니다.

그리스의 자연 철학자들은 만물이 근원적으로 무엇으로 이루어져 있는지, 또 그 바탕인 물질이 어떻게 존재하는지 궁금하게 생각했습니다. 철학자들마다 자기 나름대로 만물의 근원을 제시했는데요.

화분에 물만 주었을 뿐인데 싹이 나고, 줄기가 생겨 꽃이 피는 현상을 관찰한 탈레스는 물이 만물의 근원이라고 주장했습니다. 아낙시메네스는 공기, 헤라클레이토스는 불이라 했고, 엠페도클레스는 세 가지에 흙을 더해 '4원소설'을 제시했지요. 흙, 물, 불, 공기가 사랑과 미움의 힘으로 결합하고 분리하면서 만물이 생겨난다고 주장했습니다.

아리스토텔레스는 4원소설에 동의하며 흙, 물, 불, 공기가 다양한 조합에 따라 서로 변화를 일으킬 수 있다고 보았습니다. 그 주장이 중세 연금술을 발전시킨 원동력이 되었지요. 연금술사들은 비록 금을 만들어 내지 못했고 만들 수도 없었지만 다양한 실험 약품과 기구를 개발함으로써 화학 발전에 기여했습니다.

만물의 본질을 찾으려는 자연 철학자들의 비과학적 주장들은 자연을 탐험하는 과학의 밑거름이 되었습니다. 다만 과학사 관점에서 주목할 흐름이 있는데요. 레우키포스가 만물은 공간을 운동하는 더 이상 나누어지지 않는 입자로 구성되었다고 주장했거든요.

레우키포스의 제자 데모크리토스는 스승이 말한 '더는 나누어지지 않는 입자'를 아토모스atomos, 곧 '원자'라 부르며 논의를 더 진전시켜 갔습니다. 모든 물질을 구성하는 최소의 알갱이가 있고 알갱이와 알갱이 사이는 비어 있다고 주장했어요. 참신한 접근이었지만, 없는 것을 있다고 하는 것은 모순이며 자연은 진공을 싫어한다는 아리스토텔레스의 사상적 권위에 눌려 묻히고 말았습니다.

근대에 들어와 과학자들의 실험으로 데모크리토스의 원자론은 새롭게 조명 받습니다. 17세기 영국의 과학자 로버트 보일은 J자 관 모양의 유리관에 수은을 붓는 실험을 하였습니다. 왼쪽 끝은 막혀 있는 J자 관의 오른쪽 구멍으로 수은을 넣었습니다.

들어가는 양이 많아질수록 당연히 관 속 수은의 높이가 올라가겠지요. 그런데 수은을 많이 넣어도 J자 관의 막힌 왼쪽 기둥은 꽉 차지 않고 빈 공간을 유지하고 있었어요. 그 현상을 설명하려면 데모크리토스의 입자설이 필요했습니다.

보일의 실험을 근거로 돌턴은 1808년 출간한 『화학의 신체계』에서 모든 물질은 원자라고 하는 더 이상 쪼갤 수 없는 아주 작은 입자로 구성되어 있다는 명제를 정립했습니다. 탁견이었지만 원자가 실제로 존재하는지를 확인할 길이 없었던 당시로서는 그의 명제가 선뜻 받아들여지지 않았지요.

수소와 산소가 화합하여 물이 된다는 것은 실험을 통해 확인할 수 있었지만, 수소 원자 몇 개와 산소 원자 몇 개가 결합하여 물 분자 하나를 만드는지 알 수 있는 방법은 당시에 없었습니다.

화학 반응에 참여하는 원자들의 수를 셀 방법이 없었거든요. 그래서 원자론이 제시된 뒤에도 오랫동안 과학자들은 원자론을 받아들이려 하지 않았습니다.

21세기인 지금은 물질이 더는 분해되지 않는 알갱이, 곧 원자로 이루어져 있다는 것을 의심하는 사람은 없습니다. 그 기본 물질들이 끊임없이 서로 반응하며 온갖 물체를 이루는 것이지요. 원자론의 부활은 과학을 발전시키는 획기적인 사건이었습니다.

그 과학적 결론을 얻기까지 인류는 2000년 이상의 긴 시간이 필요했습니다. 심지어 20세기가 되어서도 과학자들 가운데 원자의 존재를 인정할 수 없다고 완강하게 거부하는 사람들이 적지 않았습니다.

가령 오스트리아의 대표적 과학자 에른스트 마흐가 그랬지요. 아주 빠른 비행기의 속도를 나타낼 때 쓰는 단위 '마하'가 그의 이름에서 따온 것일 만큼 저명한 학자였는데요. 과학의 기초는 관측된 현상이라고 확신한 마흐는 맨눈으로 볼 수 없는 원자와 같은 것으로 세상이 구성되어 있다는 생각에 죽을 때까지 반대했지요. 마흐가 고정관념에 젖어 공식 학술회의에서 "나는 원자가 존재한다는 것을 믿지 않는다"라고 큰소리치고 있을 때, 다른 과학자들은 원자의 구조를 탐색해 갔습니다.

1897년 조지프 존 톰슨이 실험을 통해 원자 내부에서 음전하를 띤 전자를 발견했습니다. 원자는 전기적으로 중성이니까 내부에서 전자가 발견됐다면 나머지 부분은 양전하를 띨 것이라고 톰슨은 생각했지요.

톰슨의 제자 어니스트 러더퍼드가 스승이 제안한 원자 구조를 확인하는 실험 과정에서 핵을 발견했습니다. 1911년 원자핵atomic nucleus을 찾은 뒤 원자보다 작은 수많은 입자들도 확인했습니다.

결국 원자의 존재를 부정하는 사람들은 시나브로 사라졌지요. 물론, 마흐는 이미 세상을 떴습니다. 세계적 과학자가 자기 고집 때문에 진실을 모른 채 죽은 셈입니다.

원자의 중심에 있는 원자핵은 부피는 작지만 질량이 매우 크고 양전하를 띠고 있습니다. 그런데 원자핵의 질량이 양성자 질량의 두 배로 나타났지요. 이를 어떻게 해석할 수 있을까요?

러더퍼드는 원자핵 안에 다른 입자가 있으리라 추론했습니다. 그러나 전기를 띠고 있지 않아 발견하기 어려웠습니다. 1930년대가 되어서야 알려졌지요. 바로 중성자입니다.

전자, 원자핵, 양성자, 중성자의 발견으로 마침내 원자의 구조가 드러났습니다. 양전하를 띠고 있는 양성자와 전하를 띠지 않는 중성자가 모여 핵을 이루고, 가벼우며 음전하를 띤 전자들이 원자를 구성하고 있습니다. 원자 안에 들어 있는 양성자와 전자는 종류만 다를 뿐 같은 크기의 전하량을 가지고 있지요.

원자의 크기는 얼마나 될까요? 크기가 가장 작은 원자는 수소 원자인데요. 수소 원자 1억 개를 한 줄로 늘어놓아야 그 길이가 겨우 1센티미터가 될 정도입니다. 정말 작은 크기이지요.

그런데 원자 속에서 원자핵의 크기는 더더욱 작습니다. 수소 원자의 크기를 지름이 200미터인 경기장에 비유하면 원자핵은 크기가 5밀리미터인 개미에 비유할 수 있을 정도입니다.

대체로 원자핵은 원자의 1만 분의 1 크기이지요. 축구장 한가운데 작은 구슬이 있다고 생각하면 됩니다. 흔히 그림으로 보는 원자 모형과 달리 원자에 비해 원자핵이 얼마나 작은지 알 수 있습니다. 원자의 1만 분의 1 크기인 작은 원자핵은 원자의 질량 대부분을 차지합니다.

원자의 종류를 결정하는 것은 원자핵 속에 들어 있는 양성자의 수이지요. 원자핵에 양성자 하나를 가진 가장 단순한 원자가 바로 수소입니다. 산소 원자핵은 여덟 개의 양성자를, 탄소 원자핵은 여섯 개의 양성자를 가지고 있습니다.

양성자의 수를 원자 번호라고 하지요. 원자 번호 1번인 수소는 양성자가 하나, 2번 헬륨은 양성자가 둘, 3번 리튬은 양성자가 셋입니다. 수소가 산소와 다른 물질인 이유는 바로 양성자의 개수가 다르기 때문입니다.

중성자는 서로 반발하는 양성자를 결합하는 구실을 하며 이로 인해 강한 핵력을 갖게 됩니다. 바로 원자 폭탄의 위력이지요. 원자는 양성자와 같은 수의 전자를 가지고 있어 전기적으로 중성인데요. 양전하나 음전하를 띤 이온은 전자를 내보내거나 받아들여 전자의 수가 양성자의 수보다 약간 적거나 많습니다.

알수록 신기한 입자의 세계

과학자들은 우주 만물을 이루는 아주 작고 눈에 보이지 않는 기본 단위로 '입자'particle 개념을 설정했습니다.

입자에는 원자뿐 아니라 분자도 있습니다. 원자가 두 개 이상이 모여 화학적 결합을 한 분자molecule는 좀 더 큰 입자인 거죠. 분자를 이루는 원자의 수에 따라 단원자 분자, 2원자 분자, 3원자 분자, 다원자 분자로 나눕니다. 분자를 구성하는 원자의 종류와 각각의 개수를 분자식molecular formula으로 나타냅니다. 모든 원자들은 분자가 됨으로써 비로소 물질의 고유한 성질을 가지게 됩니다.

과학자들은 끊임없는 연구를 통해 만물을 이루는 기본 성분으로 100여 개가 넘는 원소element를 밝혀냈습니다. 원소와 원자의 종류는 같습니다. 한 종류의 원자로만 구성된 순물질pure substance이 원소이니까요.

현재까지 발견된 원소는 수소, 헬륨, 리튬 등 118개입니다. 그중에서 지구가 생성할 때부터 존재한 원소는 84가지이며, 나머지는 그 이

이중섭이 1953년 완성한 작품 <해와 아이들>에서 커다란 해가 아이들을 보듬어 안을 듯 다사로운 미소를 짓고 있습니다. 아이들은 해를 에워싸고 꽃들 속에서 놀고 있지요. 인류가 해에 얼마나 의존하고 있는가를 형상화했습니다. 그림 속의 해와 인류, 꽃을 비롯해 우주의 모든 만물은 100여 개의 원소로 구성되어 있습니다. 자연의 모든 존재는 별에서 생겨난 원소를 공유하고 있는 셈이지요. 우리의 별은 물론 해입니다.

후 지구에서 자연적인 핵변환으로 생성되거나 인공적으로 합성된 원소입니다.

그렇다면 입자들이 그냥 있지 않고 반응하고 결합, 분리하면서 물질을 다채롭게 형성해 가는 이유는 무엇일까요? 흥미롭게도 '비어 있음'에서 찾을 수 있습니다.

자연에 존재하는 원소들은 대부분 빈자리가 있어 불안정하거든요. 원자핵 주위에 있는 전자 궤도의 가장 바깥 껍질에 전자의 빈자리가 있습니다. 그 빈자리를 서로 메우는 만남들이 필요하지요. 그 '소통' 속에서 만물이 생겨난다고 볼 수 있습니다.

가령 물은 물 분자로 이루어져 있으며 물 분자는 수소 원자 두 개와 산소 원자 한 개가 결합하여 구성됩니다. 물을 이루는 구성 원소는 수소와 산소 두 종류이죠. 물은 산소 원자와 수소 원자가 화학적인 소통을 거쳐 만들어진 물질입니다. 화학적 소통을 통해 물의 성질을 띠며 수소나 산소와는 다른 물질이 되는 것이지요.

아주 작은 입자들은 '소립자elementary particle'로 분류합니다. 소립자는 기본적으로 전자, 양자, 중성자를 이르지만 그 외에도 양자와 중성자를 연결시키는 중간자, 중성자의 붕괴로 생겨나는 뉴트리노 등 새로운 존재가 계속 발견되고 있어 현재 300여 종이 알려져 있습니다.

여기서 지금까지 살펴본 여러 입자들의 크기를 정리해 볼까요? 우주를 비롯한 자연계의 모든 물질은 1밀리미터의 1만 분의 1 정도 크기의 원자로 구성되어 있습니다.

원자핵의 크기는 100조 분의 1미터인데요, 한 과학자가 이를 우리 세상에 대입해 보았습니다.

원자핵을 1미터 크기로 가정하면, 실제 1미터는 얼마나 될까요? 100조 미터, 곧 1000억 킬로미터가 됩니다. 이는 지구에서 해까지 거리의 700배 정도입니다.

그렇다면 원자핵 주변에 존재하는 전자의 크기는 어느 정도일까요? 아직 명확하지 않아 과학자마다 의견이 다릅니다. 그렇다고 들쭉날쭉하지는 않지요.

대체로 양성자의 1000분의 1이라고 하는데요. 그 지름은 1아토미터, 곧 1미터의 100경분의 1입니다. 이를 현실에 비유하자면 우리의 1미터는 100광년의 거리가 됩니다.

소립자 가운데 너무 작고 가벼워 모든 물체를 그냥 통과해 버리는 중성미자뉴트리노의 경우에 우리의 1미터는 1억 광년에 이릅니다. 곧 우리은하가 속해 있고 수만 개의 은하를 거느린 처녀자리 초은하단의 지름과 비슷하지요.

우리는 앞서 원자와 원자핵을 축구장의 한가운데 있는 작은 구슬로 비유했습니다. 그런데 원자핵을 조금 키워 축구공이라고 상상해 볼까요? 원자핵이 축구공이라고 가정하고 서울 월드컵경기장에 두면, 전자는 수원쯤에 떠다니는 먼지 한 알이 됩니다.

그렇다면 서울의 축구장과 수원까지를 반지름으로 하는 지역에서 축구공과 먼지 한 알이 차지하는 공간을 제외하면 무엇이 있을까요?

텅 비어 있습니다. 원자의 대부분은 허공인 셈입니다.

원자부터 그 이하의 작은 세상은 양자 역학이라는, 우리 인간이 생활하는 영역에서는 드러나지 않는 불확실한 물리 법칙에 지배받습니다. 그래서 흔히 상상하는 것과 달리 전자는 해 주위를 공전하는 행성들처럼 원자핵을 빙글빙글 돌지 않습니다.

위치와 크기를 확인하려 들 때마다 전자는 다른 곳에 다른 크기로 나타납니다. 사람이 개입하는 순간 미시적 세계에서 일어나는 자연 현상이 변합니다. 미시 세계에서 객관적인 자연법칙을 연구하는 것이 어려운 이유지요. 확률적 가능성의 세계라고 할 수 있습니다. 뉴턴의 중력 법칙이 적용될 수 없는 세계입니다.

신비로운 것은 별과 별, 은하와 은하, 은하단과 은하단 사이에 별, 은하, 은하단 자체와 비교도 할 수 없는 거대한 빈 공간이 존재하듯이 원자 아래의 세상에도 빈 공간들이 대부분의 영역을 차지한다는 사실입니다.

그래서 우주 속 대부분의 지역은 물질이 아닌 허공이, 역설적인 표현이지만, '채우고' 있습니다. 일찍이 고대 그리스의 철학자 에피쿠로스는 헤로도토스에게 보내는 편지에서 세계는 원자와 허공으로만 구성되어 있다고 적은 바 있었습니다. 그의 시대로부터 2300년이 지나 그 말을 조금 고쳐 본다면, 세계는 온갖 크고 작은 구조를 만들어 내는 극소량의 원자와 나머지 대부분의 허공으로 이뤄져 있다고 할 수 있지요.

하지만 물질은 그냥 단단한 덩어리가 아니며 허공도 그저 허무한 빈 공간이 아닙니다. 원자와 허공은 장엄하고 신비로운 관계 속에서 얽혀 조화를 이루며, 우리가 보고 느끼고 아는 것들은 물론, 보지 못하고 느끼지 못하고 아직 알지 못하는 삼라만상 모든 것을 만들어 내거든요.

그래서 과학자들은 원자와 허공은 서로가 없이는 아무것도 아니라고 합니다. 우주의 모든 것이 그렇다는 거죠.

원자와 허공들의 운동 속에서 우리 인간은 한편으로는 아무 의미도 없는 티끌이며, 동시에 우주 전체만큼이나 크고 복잡한 존재입니다. 지구에 등장한 인류는 참으로 장구한 시간이 흘러서야 우주의 신비를 조금씩 벗겨 낼 수 있었던 것입니다.

별에서 온 우리

그렇다면 우주의 모든 물체, 만물을 구성하고 있는 원자들은 언제 생겨난 것일까요? 우주가 138억 년 전 대폭발로 탄생하는 순간에는 원자가 존재할 수 없었습니다. 우주가 너무 뜨거웠기 때문이지요.

원자가 나타나려면 적지 않은 시간이 지나야 했어요. 물론, 원자가 형성되기 전에 빛과 전자, 양성자, 가벼운 원자핵이 만들어졌지요. 하지만 마구 뒤엉켜 플라스마 – 고체·액체·기체와는 전혀 다른 성질로 이온핵과 자유 전자들의 무리-상태에 있었을 뿐입니다.

빅뱅 이후 38만 년이 지나면서 우주가 충분히 팽창하고 온도가 많이 떨어졌을 때 비로소 원자가 탄생합니다. 38만 년이라면 우주 역사 138억 년을 기준으로 아주 짧은 시간이지만, 우리 인류에게는 까마득히 기나긴 세월입니다.

플라스마에서 빛이 분리되면서 원자핵이 전자와 결합해 수소, 헬륨 원자가 만들어졌습니다. 빅뱅의 원자, 수소와 헬륨이 별을 만들어가는 거죠. 수소와 헬륨이 중력에 의해 뭉쳐진 별에서 온도가 엄청나게 올라가며 강한 압력으로 무거운 원자핵이 만들어집니다.

인간 몸의 대부분을 차지하는 탄소와 산소 등의 원자핵은 모두 우주 어딘가에 있는 뜨거운 별에서 만들어졌습니다. 철까지 만들어지면 별은 뜨거워질 대로 뜨거워져 폭발 단계로 들어가 수명이 끝나게 됩니다.

수억 년에서 수십억 년 동안 살다가 마지막에 크게 부풀어 올라 폭발할 때는 철보다 무거운 원자핵들을 우주에 방출합니다. 원자핵들은 우주 공간의 어딘가에서 전자와 만나 원자가 되고, 이 원자들이 다시 모여 별을 만들거나 지구와 같은 행성을 만들겠지요.

지구의 일부가 된 원자들은 다시 수십억 년의 세월을 거치면서 때로는 바위나 구름이 되고 때로는 미생물이나 공룡이 되는 거죠. 때로는 나무가 되기도 하고 때로는 흙 속에 있다가 현재 우리 몸에 잠깐 머무르기도 합니다. 우리 몸을 빠져나가 내 친구의 몸에 들어가기도 하고 바다로 흘러가기도 할 것입니다.

과학자들은 각각의 원자들이 영겁의 세월 동안 광막한 우주에서 이합집산을 거듭하며 각자의 여행을 계속한다고 설명합니다. 그러니까 인류의 고향은 별이라는 말은 공연한 시적 유희가 아닙니다. 과학이 밝혀낸 진실입니다. 우리 몸을 구성하는 원소가 별에서 왔으니까요. 우리 개개인은 모두 수십억 년 전에 죽은 별들의 먼지로 형성되었고, 언젠가는 다시 원자로 흩어져 저 우주를 떠돌 터입니다.

근대 이후 과학은 거시적인 별들의 세계와 미시적인 원자의 구조를 파악하는 데 큰 진전을 이뤘습니다. 하지만 진실에 이르는 길은 아직도 머나먼 여정을 남겨 두고 있습니다. 인공 지능의 시대를 열어 간다고 요란스럽게 떠들지만 현재까지 인류가 알아낸 우주는 고작 전체의 4퍼센트에 지나지 않습니다.

과학자들은 우주를 구성하고 있는 73퍼센트가 물질이 아닌 에너지이고, 27퍼센트가 물질이라고 보는데요. 물질 중에 인류가 정확하게 알고 있는 것은 4퍼센트밖에 되지 않고 나머지 23퍼센트는 아직도 몰라 '암흑 물질'이라는 지극히 주관적 이름으로 부르고 있습니다. 우주의 대부분을 차지하는 에너지에 대해서는 더욱 몰라 '암흑 에너지'라고 부르지요.

인간이 밤하늘에서 관측 가능한 천체는 우주의 1퍼센트도 되지 않습니다. 그만큼 우리는 우주에 대해서도 아는 것이 매우 부족한 상황이고 더구나 '빅뱅 우주'의 밖은 알 수 없는 세계입니다.

때로는 시인이나 선승들의 통찰이 더 진실을 꿰뚫고 있는 것이 아닐까 싶기도 합니다. 가령 18세기 말의 영국 시인 윌리엄 블레이크는 "하나의 모래알에서 우주를 보고 한 송이 야생화에서 천국을 보니, 당신 손바닥에 무한이 있고 일순간 속에 영원이 깃든다"고 노래했습니다.

우리 신라 시대의 고승 의상조사는 일찍이 "일미진중 함시방一微塵中 含十方 일체진중 역여시一切塵中 亦如是"라고 가르쳤지요. "하나의 티끌 속에 전체 우주가 들어 있고, 모든 티끌이 다 그렇다"는 뜻입니다.

현대 과학이 도달한 지점과 거의 같지요. 과학적 탐구와 직관적 지혜가 반드시 대립되는 것이 아님을 알 수 있습니다. 앞으로 직관적 지혜와 병행하는 과학적 탐구가 새로운 과학의 지평을 열어 가지 않을까 조심스레 전망해 봅니다.

지금까지 하늘의 광대함을 살펴보았는데요. 이제 우리가 딛고 있는 땅을 짚어 볼 차례입니다.

호기심 1

원자 속의 우주는 어떻게 관찰하나?

눈에 보이는 것만이 세상은 아닙니다. 당장 인간이 맨눈으로 볼 수 있는 가장 작은 크기는 머리카락의 지름 정도라고 하죠? 0.1밀리미터 수준입니다. 머리카락 단면을 보기에도 우리 눈은 한계가 있지요.

렌즈를 사용하는 광학 현미경에도 한계가 있습니다. 우리가 보는 빛의 파장은 0.3에서 0.7 마이크로미터마이크로미터는 1밀리미터의 1000분의 1, 곧 100만 분의 1미터이기에 그보다 더 작은 물체는 볼 수 없지요.

과학자들은 그래서 빛보다 파장이 짧은 전자파를 쓰는 전자 현미경을 만들었습니다. 전자 현미경으로는 90나노미터까지 보이지요. 나노미터는 마이크로미터의 1000분의 1, 그러니까 10억 분의 1미터로 머리카락 굵기의 1만 분의 1입니다. 더구나 '훑기 꿰뚫기 현미경STM: Scanning Tunneling Microscope'의 발명으로 물질의 표면을 원자 수준까지 꿰뚫어볼 수 있게 되었습니다.

STM을 통해 원자를 직접 조작하게 되면서 나노 기술이 빠르게 발달했습니다. 나노 기술은 나노미터 수준에서 물체를 만들고 조작하는 기술을 뜻합니다. 나노 기술은 최첨단 반도체 산업, 정보 기술 산업에서 매우 중요하게 이용되고 있지요.

나노 기술을 이용하면 새로운 성질을 나타내는 물질도 다양하게 만들 수 있습니다. STM을 통해 DNA 분자 표면의 모양도 관찰할 수 있게 되면서 바이오 분야 연구도 활발해졌지요.

나노미터 크기의 로봇나노봇이나 기계를 만드는 기술도 곧 실용화될 전망입니다. 나노봇은 크기가 백혈구보다 더 작아 혈관 속을 돌아다니며 특정한 바이러스나 암세포 따위의 유해한 물질을 제거하거나 수술도 할 수 있겠지요. 환경오염 물질을 없애는 데도 큰 구실을 할 것으로 기대됩니다.

과학자들은 10억 분의 1미터의 세계를 들여다보는 연구를 지구에서 달까지의 거리인 3억 8000만 미터와 비교해 설명합니다. 또 다른 우주, 나노미터의 세계를 들여다보는 과학의 성과가 새삼 대견스럽게 다가올 수 있을 것입니다.

인류의 과학은 앞으로도 지며리 나아가겠지요. 우주 속에 존재 의미가 가물가물한 인류가 더없이 자랑스럽고 사랑스러운 이유를 불굴의 과학 정신에서 찾아도 좋지 않을까요?

호기심2 원자에서 우주까지 만물을 형성하는 힘

과학자들은 원자 단위에서부터 모든 물질을 이루는 힘, 그러니까 우주를 형성하고 유지하는 힘을 네 가지로 설명합니다. 우리가 쉽게 느낄 수 있는 중력gravitational force, 원자를 만들고 일상에서 우리가 많이 경험하는 전자기력electromagnetic force, 원자핵을 만드는 매우 강한 핵력강력, strong force, 원자핵 속에서 일어나는 약한 핵력약력, weak force이 그것입니다.

네 힘 가운데 강력과 약력은 원자핵보다 작은 세계에서만 작용하는 힘이기에, 20세기가 되어서야 비로소 인간이 알게 된 힘입니다.

이미 살펴보았듯이 원자는 양성자, 중성자, 전자로 이루어져 있지요. 원자핵 안에 있는 양성자와 중성자와 같은 핵입자 사이의 결합력이 바로 강력입니다. 양성자는 모두 양전하이므로 양성자 사이에는 전기력에 의한 척력밀어내는 힘이 작용하고 양전하 사이의 거리는 매우 가깝기 때문에 그 힘은 크겠지요. 그럼에도 원자핵 속에 여러 양성자가 존재할 수 있는 것은 양성자와 양성자 간의 전기적 척력보다 강한 힘이 작용하기 때문입니다.

강력은 중성자와 양성자 간의 매우 강한 결합력으로 여러 개의 양성자를 원자핵에 묶어 놓습니다. 우리 몸을 비롯해 다양한 물질을 존재하게 하는 가장 강력하고 근본적인 힘입니다. 약력은 불안정한 원자핵이 전자나 양전자와 같은 작은 입자를 방출하며 다른 원자핵으로 변하는 과정에서 나타나는 힘입니다. 방사능의 원인이 되는 힘이지요.

원자핵 내부에서 작용하는 강력, 약력과 달리 전자기력은 양전하를 띠는 원자핵과 음전하를 띠는 전자에서 상호 작용하는 힘입니다. 전자를 원자 안에 결합시킬 뿐 아니라 원자나 분자를 결합시켜 물체를 이루게 하는 힘이지요. 인력과 척력이 있고 멀리까지 작용하며 강력 다음으로 큰 힘입니다. 전자기력은 우리 주위에서 일어나는 대부분의 일상에서 볼 수 있습니다. 스마트폰에서 나오는 전자기파, 뇌 활동에서 일어나는 전기적 작용도 전자기력 때문입니다.

중력은 다 알다시피 질량을 지닌 물체 사이에 작용하는 인력끌어당기는 힘입니다. 지구에 갑자기 중력이 사라진다면, 인간을 비롯한 모든 생물체와 건물 등 모든 물체가 지구 표면에 붙어 있지 못하겠지요.

물리학에서는 일찍부터 네 가지 힘을 통합하려는 이론적 시도를 해왔지만 아직 이루지 못했습니다. 힉스Higgs 입자 연구가 그런 노력 가운데 하나이지요. 우주 생성 직후에 모든 소립자에게 질량을 부여한 입자가 힉스이거든요. 우주 공간에 가득 차 있는 입자로 상정하고 지금도 수많은 과학자들이 연구하고 있습니다.

전하 주위에는 눈에 보이지 않는 전기장이 펼쳐지듯이, 질량을 가진 물체 주위에는 중력장이 펼쳐집니다. 따라서 별들 사이를 비롯해 우주에 빈 공간은 없다고 주장하는 과학자들도 있습니다. 힘이 작용할뿐더러 과학이 아직 발견하지 못한 무엇인가가 있다는 것이지요. 온 우주가 서로 연결되어 속삭임을 주고받는다고 볼 수도 있습니다. 과학적으로 분명한 것은 우주를 구성하는 힘들이 관계를 이룬다는 사실이지요. 그 의미는 무엇인지 찬찬히 음미해 보시기 바랍니다.

호기심3

태양계 경계선에서 바라본 지구의 모습

21세기 사람들에게 둥근 지구의 모습은 자연스럽습니다. 하지만 인류가 지구를 벗어나 자신을 돌아보는 순간을 맞은 것은 20세기 중반에 이르러서였습니다.

1961년 4월 12일 오전 9시. 지금은 사라진 나라, 소비에트 사회주의 공화국 연방소련이 우주선 보스토크vostok, 동방이라는 뜻 1호를 쏘아 올렸지요. 보스토크는 무중력 상태의 우주권 돌입에 성공했습니다. 과학과 그에 근거한 기술이 열매를 맺은 거죠. 그곳에 타고 있던 비행사 유리 가가린은 지구 밖으로 나간 최초의 인간이 되었습니다. 시속 1만 8000마일 속도로 1시간 48분 동안 지구를 선회하고 예정지에 귀착한 가가린의 '증언'은 지금 들어도 눈부십니다.

"지구는 푸르다."

소련의 우주선 발사에 미국은 크게 자극받았습니다. 천문학적 투자가 이어지면서 마침내 1969년 7월 20일 미국 우주선 아폴로 11호의 비행사 닐 암스트롱이 달에 착륙했지요.

우주과학이 발달하면서 1990년 무인 우주선 보이저호는 태양계의 경계선까지 항해했습니다. 보이저호가 태양계를 벗어나기 직전에 찍은 지구는 작은 점이었습니다. 우주과학 대중화에 앞장섰던 칼 세이건은 그 사진을 보며 "모든 장군과 황제들이 아주 잠시 동안 저 점의 작은 부분의 지배자가 되기 위해 흘렸던 수많은 피의 강들을 생각해 보십시오. 우리의 만용, 우리의 자만심, 우리가 우주 속의 특별한 존재라는 착각에 대해 저 창백하게 빛나는 점은 이의를 제기합니다"라고 토로했습니다.

세이건이 말했듯이 "우리 행성은 사방을 뒤덮은 어두운 우주 속의 외로운 하나의 알갱이"입니다. 이미 300여 년 전에 프랑스 철학자 블레즈 파스칼은 고백했습니다.

"내 삶의 이 짧은 시간이 그 앞과 뒤의 영원 속에 스며들어 사라지는 것을 생각할 때, 내가 차지하고 있으며 보고 있는 이 작은 공간이 내가 모르고 또 나를 모르는 저 무한하고 광대한 공간 속에 잠기는 것을 볼 때, 나는 두려움을 느끼고 저기가 아닌 이곳에 있는 나를 바라보며 깜짝 놀란다. 저기가 아닌 이곳, 그때가 아닌 지금 존재할 이유가 전혀 없기 때문이다. 누가 나를 여기에 갖다 놓았는가? 그 누구의 명령, 누구의 인도로 이 시간, 이 공간이 나에게 마련되었는가? 이 무한한 공간의 영원한 침묵이 나를 두렵게 한다."(『팡세』 25장 18절)

천재적 수학자이기도 한 파스칼이 300여 년을 더 살아 보이저호가 보내온 지구 사진을 보았다고 하더라도 『팡세』의 '무한한 공간의 영원한 침묵' 서술은 달라지지 않았을 터입니다. 파스칼의 두려움은 더 증폭되었을 가능성이 높지요. 파스칼 이후 우주과학, 천문학의 발달은 우주 속에서 인간의 객관적 위상을 더 적나라하게 보여 주고 있기 때문이지요.

딱히 파스칼이나 암스트롱이 아니더라도 인류가 우주의 진실을 탐구해 온 길은 스스로 얼마나 작은 존재인가를 뼈저리게 절감하는 과정이었습니다.

2부
땅

4장

둥근 지구의 탄생

펄펄 끓는 지구 땅속

우리의 별인 해가 지름 2미터 정도의 대형 트랙터 바퀴라면, 가장 큰 별은 백두산 높이의 1.5배라는 비유를 앞서 소개했습니다. 그때 지구의 크기는 어느 정도 일까요? 바둑돌입니다.

만약 지구가 지름 20센티미터인 축구공이라면 가장 큰 별은 에베레스트 산 높이의 1.5배입니다. 비행기를 타고 그 별 둘레를 한 바퀴 돌려면 무려 1000년을 쉼 없이 가야 하는데요. 지구를 한 바퀴 도는 데는 이틀이면 충분합니다.

지구는 광막한 우주에서 정말 미미한 존재임에 틀림없습니다. 하지만 우리 인류에게 지구는 더없이 소중한 터전입니다.

지구가 없다면, 당연히 인류도 없습니다. 달에서 찍은 지구 사진은 마치 작은 구슬처럼 보입니다. 푸른 구슬에 초록색, 갈색, 흰색이 곁들인 모습이지요. 그 다채로운 색깔은 각각 바다, 산, 흙, 구름입니다. 황량한 행성들과 견주어 참 아름답습니다.

코페르니쿠스가 지동설을 주장한 뒤 지구가 둥글다는 사실을 처음 확인한 사람은 16세기 탐험가 마젤란이 이끄는 선원들이었습니다. 마젤란을 선장으로 한 배가 스페인의 세비야에서 출항해 서쪽으로 계속 항해한 결과 대서양, 태평양, 인도양을 지나 출발한 항구 세비야에 돌아온 것이지요.

그런데 마젤란은 중간 기착지인 필리핀에서 섬에 살고 있는 민중에게 자신의 종교인 기독교를 강압적으로 전파하려고 전투를 서슴지 않았습니다. 그 욕심 탓에 전투 과정에서 숨졌지요. 따라서 지구가 둥글다는 사실을 입증한 사람은 마젤란이 아니라 마젤란과 함께 떠났다가 가까스로 살아 돌아온 선원들이었습니다.

오늘날 인공위성을 통해 지구의 둥근 모습을 생생하게 볼 수 있지요. 지구가 완벽한 구형은 아닙니다. 거의 둥근 모양이지만 적도 쪽이 조금 더 볼록하지요. 지구의 둘레는 4만 킬로미터이고, 반지름은 6400킬로미터에 이릅니다. 달의 반지름이 1700 킬로미터이니 보름달보다 네 배 정도 큰 셈이지요.

지구는 46억 년 전에 형성됐습니다. 어떻게 탄생한 걸까요? 과학자들은 해 주위의 미행성들이 뭉쳐서 나타난 것으로 추측하고 있습니다.

미행성微行星, Planetesimals은 사전 뜻 그대로 '작은 덩어리'인데요. 해가 만들어질 때 남은 암석과 얼음조각, 먼지들입니다. 이들이 서로 부딪치면서 조금씩 크기를 키워 갔습니다. 충돌하며 쪼개지기도 했지만 가장 큰 덩어리 쪽으로 점점 더 모이게 됩니다. 크기를 키워 갈수록 중력은 더 커지고, 주변 물질의 흡수 속도 또한 더 빨라집니다.

미행성들이 끊임없이 충돌하고 상호 작용하면서 점점 크기가 커져 마침내 각 구역별로 독점적인 자리를 차지하게 됩니다. 경쟁적으로 궤도 주변 물질을 끌어 모으며 행성으로 성장해 간 거지요. 충돌이 계속되면서 자전 운동도 일어났습니다. 중력을 중심으로 돌아가면서 자연스레 둥근 모습이 되었지요.

무수한 부스러기와 작은 천체들이 부딪치며 붕괴와 합체를 되풀이하는 과정에서 막대한 충돌 에너지가 열에너지로 전환되어 초기 행성들은 점점 더 뜨거워졌겠지요. '원시 지구'도 행성 전체가 펄펄 끓는 마그마의 바다였습니다.

초기 태양계의 궤도가 자리 잡아 가자 소행성과 운석 충돌의 빈도는 시나브로 낮아졌지요. 마그마로 뒤덮인 지구가 식기 시작했습니다. 냉각 과정에서 마그마의 바다에 균질하게 녹아 있던 물질들이 비중 차이에 따라 차츰 층별 구조를 만들어 갔습니다.

무거운 금속 원소인 철과 니켈은 중심부로 가라앉아 핵을 형성했고, 산소와 규소·마그네슘과 같은 상대적으로 가벼운 원소들은 떠올랐지요. 얇은 지각을 형성한 것입니다.

우리 개개인이 지금 딛고 있는 땅이 지각입니다. 지구는 둥그니까 발밑을 끊임없이 파 들어가면 내부로 들어가 정반대 쪽으로 나올 수 있겠지요.

물론, 그것은 상상으로만 가능한 일입니다. 아무리 굴착 장비가 좋아도 인간이 뚫고 들어갈 수 있는 깊이는 몇 킬로미터에 지나지 않습니다. 더구나 지구 내부 구조는 인간이 감히 가까이 갈 수도 없을 만큼 상상을 넘어서지요. 지구 중심부 온도는 최고 7000도에 이르러 모든 것이 녹아 버리지요.

지구 반지름이 6400킬로미터에 이르는데요. 우리가 밟고 있는 대륙 지각의 두께는 20~70킬로미터 정도로 주로 화강암질 암석입니다.

지각은 지구 전체 부피의 1퍼센트 안팎이어서 과학자들은 복숭아를 지구라 가정할 때 지각은 복숭아 껍질이라고 비유하지요. 바다로 들어가면 지각은 더 얇아 해져 5~15킬로미터 정도입니다. 해양 지각은 보통 현무암질 암석으로 구성되어 있지요.

지각 아래 맨틀은 아직도 뜨겁고 두터운 층을 이루며 대류하고 있습니다. 가까이 갈 수도 없는데 어떻게 아느냐고요?

과학이 있기 때문이지요. 과학자 모호로비치치가 1909년 유고슬라비아에서 일어난 지진의 자료를 분석할 때였는데요. 지진파가 지구 내부로 전달될 때 그 전파 속도가 어느 지점을 통과하면서 급격히 빨라지는 사실을 발견합니다. 이는 지각 밑에 밀도가 서로 다른 물질로 이루어져 있는 불연속면이 존재함을 의미하지요. 그 다른 물질을 맨틀이라 했고 지각과의 경계면을 그의 이름을 따 모호로비치치 불연속면줄임말: 모호면이라 했습니다.

지진파는 파동을 전달해 주는 매질이 있어야 되는데 매질이 촘촘할수록 잘 전달되므로 고체에서 가장 빠르고 액체, 기체로 갈수록 잘 전달되지 않습니다. 지진파의 속도가 내부로 들어감에 따라 달라지는 것을 통해 지구가 단일하지 않은 층상 구조임을 알게 된 거죠.

지구 내부를 이동하는 지진파는 P파와 S파가 있는데요. P파primary wave, 제1차파의 속도가 빨라 지진계에 먼저 기록되고 S파secondary wave, 제2차파는 그 뒤에 기록됩니다. P파는 파동의 진행 방향을 좇아 매질이 진동하는 종파로 모든 매질을 통과합니다. S파는 파동의 진행 방향과 수직으로 횡단하듯 매질이 진동하는 횡파로 고체만 통과할 수 있습니다. 지진계를 들여다보면 모든 매질을 통과하는 P파는 지구 내부에서 속도가 달라지고 고체만 통과하는 S파는 지각과 맨틀에서만 기록됩니다.

맨틀은 지각 아래인 지하 35킬로미터에서 2900킬로미터까지인데, 복숭아로 치면 사람들이 맛있게 먹는 속살 부분이지요. 실제로 딱딱한 지각에 비해 맨틀은 말랑말랑한 고체입니다. 그렇다고 복숭아의 속살처럼 먹음직스러운 모습은 전혀 아닙니다.

지각과 핵 사이에 있는 맨틀은 지구 부피의 82퍼센트 이상, 질량은 68퍼센트를 차지합니다. 맨틀 내부의 온도는 맨 위쪽이 약 1000도, 맨 아래는 약 5000도인 것으로 추정하고 있습니다. 인간 감각으로 보면 '복숭아의 속살'은 마치 냄비에서 펄펄 끓는 물처럼 역동적이며 지진과 화산 폭발을 일으키는 근원지입니다.

맨틀을 발견하고 10년이 지난 1919년에 과학자 구텐베르크가 맨틀 아래에 지진파가 도달하지 않는 암영대shadow zone를 발견합니다. 맨틀과 다른 성질을 갖는 물질이 있어 지진파가 반사하거나 굴절한 것이지요. 그 경계면 – 자기 이름을 따 구텐베르크면이라 명명했어요 – 아래가 액체임을 밝혀냈습니다. 과학자들은 그곳을 핵이라고 생각했지요.

그런데 지진학자 잉게 레만은 1936년에 뉴질랜드에서 지진 기록을 분석한 결과 지하 5100킬로미터 깊이에서 P파의 속도가 빨라지는 것을 발견하고 또 하나의 불연속면이 존재한다고 주장했습니다. 그 불연속면, 곧 레만면 위를 외핵, 그 아래를 내핵이라고 부르게 되었지요.

내핵은 고체입니다. 가장 뜨거운 곳이지만 매우 강한 압력으로 액체가 될 수 없기 때문입니다. 태초에 뜨겁던 지구가 식으면서 외핵의 철과 니켈이 침강되어 생긴 내핵은 점점 커가고 있습니다. 중심부에 철이 가득한 지구는 하나의 커다란 자석인 거죠.

아인슈타인은 어린 시절에 나침반을 선물 받고 아버지에게 왜 바

장 밥티스트 카미유 코로가 18세기에 그린 <베수비오 화산>은 서기 79년 고대 로마의 도시 폼페이를 모두 잿더미로 만든 화산 폭발을 1700여 년 만에 생생하게 담았습니다. 자연에 대한 외경을 새삼 환기시켜 줍니다. 과학자들은 화산 폭발이 왜 일어나는지 밝혀냈습니다.

늘이 언제나 북극을 가리키는지 물었습니다. 그때 아인슈타인은 아버지가 정확히 모르고 있다고 생각해 더 질문하지 않았지요. 나중에 스스로 답을 찾았습니다. 거대한 자석인 지구의 북쪽은 남극S이고, 남쪽은 북극N이거든요. 나침반의 붉은 바늘 N극이 지구의 북쪽으로 맞춰질 수밖에 없지요.

지구가 삐딱하게 도는 이유

내핵과 외핵, 맨틀, 지각의 구조를 갖춘 지구는 끊임없이 운동하고 있습니다. 팽이처럼 도는 자전rotation 운동과 동시에 해의 둘레를 돌고 있는 공전revolution 운동을 쉼 없이 하고 있지요.

지구의 자전 속도는 원 둘레가 긴 적도에서 가장 빠르고 남북극 쪽으로 갈수록 느려집니다. 자전 속력을 적도에서 잰다면 시속 1668킬로미터에 이릅니다. 도심에서 자동차가 시속 100킬로미터를 넘으면 단속하는 인간의 잣대로는 이 또한 상상하기 어렵지요.

더구나 지구가 공전하는 속도는 시속 10만 7000킬로미터입니다. 해를 둘러싸고 9억 6000만 킬로미터 거리를 엄청난 속도로 1년마다 질주하는 셈입니다.

지구가 빠르게 자전하고 더 빠르게 공전하지만 인간이 일상에서 그것을 인식하지 못하는 이유는 무엇일까요? 짐작했듯이 지구가 언제나 같은 속도로 운동할 뿐만 아니라 인간 주변의 모든 것이 동시에 운동하기 때문이지요.

지구의 자전이 바로 우리의 하루입니다. 정확히는 23시간 56분을 주기로 자전하는데요. 23.5도 기울어져서 돕니다. 해와 별이 날마다 동쪽에서 떠서 이동하여 서쪽으로 지는 현상이 관측되는 이유가 자전에 있습니다. 지구가 자전축을 중심으로 서에서 동으로 자전하기 때문에 지구의 관측자에게 그렇게 보일 따름이지요.

해를 중심으로 1년에 한 바퀴씩 서에서 동으로 운동하는 것이 공전입니다. 날마다 같은 시각에 하늘에서 보이는 해의 위치가 달라지는 이유가 공전에 있습니다. 밤하늘에 보이는 별자리들은 해의 반대쪽에 있는 별들입니다. 지구가 공전하여 해 보이는 위치가 달라지면 밤하늘에서 볼 수 있는 별자리도 달라지지요.

그런데 지구는 해 주위를 비스듬히 기운 자세로 돌고 있습니다. 지구가 우주에서 운동하는 모습을 과학자들이 '강풍 부는 바다를 항해하는 요트'로 비유하는 이유이지요. 지구 모형을 제작할 때도 수직 방향에서 23.5도 기울게 만듭니다.

왜 그럴까요? 왜 지구는 '공손한 자세'가 아니라 '비딱한 자세'로 운동할까요? 과학자들은 지구가 막 생겨나 표면이 뜨겁게 녹아 있을 때, 어떤 천체와 심하게 충돌하여 지금처럼 되었을 가능성을 제시합니다.

인류로서는 23.5도의 비딱한 지구가 '천문학적 행운'입니다. 자전축이 기울어 계절의 변화가 생겼거든요. 계절의 변화는 일단 해가 내리쬐는 시간 차이에서 빚어집니다.

해가 내리쬐는 시간이 여름에는 길고 겨울에 짧은 것은 상식이지요. 해의 고도가 다르기 때문입니다. 해의 고도란 지평선을 기준으로 하여 해의 높이를 각도로 나타낸 것입니다.

해의 고도가 별로 변하지 않는 적도 쪽은 1년 내내 따뜻하고 늘 여름입니다. 북극이나 남극에선 해가 반 년 정도는 지평선 아래에 있고, 나머지 반 년 정도는 지평선 위에 떠 있어서 여름과 겨울만 있고 봄과 가을은 거의 없습니다.

그런데 적도와 남북극 사이는 자전과 공전 운동에서 자전축이 기욺으로써 해의 높이가 일정하지 않게 됩니다. 계절의 차이가 생기는 이유이지요.

만일 지구의 자전축이 똑바르다면 어떻게 될까요? 인간에게 재앙입니다. 공전 내내 해와 나란히 수직으로 움직여 계절이 없어지는데 그치지 않거든요. 북극과 남극은 여름철이라는 해빙기가 없어져 남북극 얼음이 점점 두터워지겠지요. 바다는 줄어들어 해수면이 낮아지고 물의 순환이 제대로 진행되지 않아 지구는 황량한 땅이 될 겁니다.

과학자들은 자전축이 현재의 각도보다 적게 기울어 있다면 계절의 변화가 미미해서 물의 순환이 충분하지 못하고, 기운 각도가 더 크면 반대로 계절의 변화가 너무 심해 지금보다 훨씬 춥고 더운 계절이 반복되며 엄청난 태풍과 폭설·홍수가 되풀이 되리라고 봅니다.

자전축의 천문학적 행운을 짚어 보았는데요. 자전 운동과 공전 운동을 반복하는 지구는 안정되어 보입니다. 지구 탄생기에 견주면 확실히 그렇지요. 더구나 일상에서는 지각이 두텁게 느껴지기에 더 그렇게 생각할 수 있습니다.

하지만 아닙니다. 우리가 발을 딛고 있어 견고해 보이는 땅은 지금도 움직이고 있습니다.

움직이는 땅, 살아 있는 지구

지각이 움직인다는 학설은 과학자 베게너가 20세기 초에 처음 주장했습니다. 지구의 모든 육지는 본디 하나였는데, 대륙들이 이동해 현재와 같은 모양이 되었다는 대륙 이동설을 내놓았는데요. 그가 제시한 증거는 현재 존재하는 대륙들의 모양입니다. 실제로 유럽 대륙과 북아메리카 대륙, 아프리카 대륙과 남아메리카 대륙을 서로 붙여 보면 도형퍼즐 맞추기처럼 거의 이어집니다.

베게너는 자신의 가설을 증명하려 여러 자료를 제시했지만 당시 과학계는 흥미로운 착상 정도로 넘겼습니다. 퍼즐 맞추기라는 주장이 지나치게 직관적으로 보였기 때문이겠지요.

그런데 그 이후 과학이 발전하고 지구의 내부 구조뿐만 아니라 해양 지각의 구조까지 알아내면서 베게너의 대륙 이동설이 새롭게 조명 받았습니다.

먼저 맨틀 대류설이 나왔지요. 맨틀이 지각처럼 정지해 있는 것이 아니라, 내부의 방사성 물질이 뿜어내는 방사열과 지구 내부의 핵에서 올라오는 열 때문에 맨틀 상부와 하부에 온도 차이가 생겨 대류 현상이 일어난다는 학설이 맨틀 대류설입니다.

맨틀 대류설은 대륙 이동설의 강력한 증거가 됩니다. 맨틀의 대류 현상으로 지각이 둘로 갈라지는 과정을 설명할 수 있으니까요. 바다 아래서도 맨틀 대류에 의해 새로운 해양 지각이 형성되고, 이것이 점점 확장됩니다. 바다 속 산맥 모양의 해령에서 멀어질수록 퇴적암이 두껍고 해양 지각의 나이가 많다는 것을 밝혀냈습니다. 그런 현상이 해령*을 중심으로 대칭으로 나타났거든요.

과학자들 가운데 맨틀 대류설에 근거해 지각 바로 아래부터 100킬로미터 깊이인 상부 맨틀의 일부에 주목한 이들이 나타났습니다. 지각은 물론 상부 맨틀도 단단한 암석으로 되어 있기에 암석권이라 부르기도 하는데요.

과학자들은 이어 암석권이 열 개 이상의 조각으로 나누어진다는 사실을 밝혀내고 각각의 조각들을 '판plate'이라고 이름 붙였습니다. 판은 지각과 상부 맨틀로 구성된 개념이지요.

---

* 해령(海嶺). 수심 4000~6000미터 속 산맥처럼 생긴 지형.

지구 표면은 여러 개의 굳은 판으로 나뉘어져 있는데, 판이 변형되거나 수평으로 운동을 한다는 이론이 판 구조론plate tectonics입니다.

판들이 생기는 이유는 간명합니다. 이미 살펴보았듯이 지각의 암석권은 전체 지구에 비해서는 매우 얇은 부분이며, 맨틀은 지구의 대부분을 차지하는 매우 두터운 부분입니다. 따라서 지각은 맨틀의 움직임에 따라 약한 부분이 갈라질 수밖에 없겠지요.

판 구조론은 화산과 지진을 비롯해 지각 변동을 명쾌하게 설명해줍니다. 각각의 판들이 맨틀 대류를 따라 서로 다른 방향과 속도로 이동하므로 판의 경계에서 지각 변동이 일어날 수밖에 없다는 거죠.

판 구조론에서 지각은 유라시아 판, 아프리카 판, 오스트레일리아-인도 판, 태평양 판, 남극 판, 아메리카 판의 여섯 개 주요 판으로 크게 나눠집니다. 소규모 판들도 있는데요. 동남아시아, 필리핀, 동태평양, 카리브, 터키, 이란, 아라비아 판들이 그것입니다.

판은 해마다 1~6센티미터 정도 느린 속도로 이동합니다. 판의 운동은 판이 서로 멀어지는 경계, 판이 서로 충돌하는 경계, 판이 서로 어긋나는 경계 세 범주로 나눌 수 있습니다.

첫째, 판 경계가 서로 멀어지면서 새 지각을 형성하는 발산 경계입니다. 고온·고압의 마그마는 지각의 얇은 부분을 뚫고 나오려고 하지요. 바다 밑 지각이 땅 지각보다 훨씬 얇기 때문에 주로 해양 지각을 뚫고 밖으로 분출합니다. 밖으로 분출한 마그마는 바닷물에 식으면서 새로운 해양 지각을 만들겠지요. 이때 판이 갈라져 두 개의 판으로 나누어지는 일이 일어납니다. 새롭게 나눠진 두 판의 이동 방향은 서로 반대가 되어 점점 멀어지며 그 과정에서 지진이나 화산 활동이 일어나기도 합니다.

둘째, 판 경계가 서로 만나 충돌하는 수렴 경계입니다. 두께와 밀도가 비슷한 해양판과 해양판의 충돌, 대륙판과 대륙판의 충돌, 두께와 밀도가 다른 해양판과 대륙판의 충돌이 일어납니다.

바다 아래에서 해양판끼리 충돌할 때 마그마가 바다 밑 지각을 뚫고 나와 화산 활동이 일어나고, 섬들이 생겨납니다. 대륙판끼리 충돌할 때에는 주로 지진이 일어나고 거대한 습곡 산맥이 형성되기도 하지요. 오스트레일리아-인도 판과 유라시아 판이 충돌하며 지구에서 가장 높은 히말라야 산맥이 생겼습니다. 지금 이 순간도 아주 미세하게 높아 갑니다. 기후 온난화로 빙산이 녹으면서 에베레스트 높이의 변화가 명확하게 나타나지 않을 뿐입니다.

해양판과 대륙판이 충돌할 때 사람들에게 큰 피해를 줍니다. 이를테면 일본, 필리핀, 인도네시아는 해양판인 태평양판과 접해 있는 곳들이어서 지진이 많이 일어나지요. 화산 활동이 일어나고 대륙판 아래로 대규모의 지진이 발생하면서 해안 가까운 대륙, 바다와 인접한 땅에 산맥이 형성되기도 하고, 반대로 해안 바다에선 마그마가 분출하여 섬들이 생기기도 합니다.

판이 멀어지면서 새로운 지각이 형성될 때와는 달리 판이 서로 마주치며 수렴할 때는 지각이 줄어들지요. 그래서 지구 전체 지각의 면

적은 변하지 않는 것입니다. 새로운 지각이 형성되기도 하고 줄어들기도 하니까요.

셋째, 두 판이 서로 어긋날 뿐 판의 생성이나 소멸이 일어나지 않는 '보존 경계'입니다. 두 판이 수평적으로 어긋나 변환 단층을 이루며 단층면을 따라 지진이 자주 일어납니다. 지진의 규모는 단층의 크기에 따라 결정되며 화산 활동은 일어나지 않습니다. 샌 안드레아스 단층이 대표적인데요. 태평양 연안의 미국 캘리포니아에 1300킬로미터에 이르는 거대한 단층이 있습니다. 1906년 최소 3000명의 목숨을 앗아간 샌프란시스코 지진을 비롯해 지금도 종종 지진이 일어나는 지대입니다.

판 구조론과 대륙 이동설을 거꾸로 올라가면 언젠가는 지구의 모든 대륙이 하나로 이어져 있었다는 가설을 세울 수 있겠지요. 베게너는 2억 2000만 년 전의 지구가 하나의 대륙으로 존재했다고 추정하며 그 대륙의 이름을 '판게아'라고 붙였지요. 'pan'은 전체, 'gaea'는 대지라는 뜻으로 '지구 전체'라는 의미의 그리스어에서 비롯했습니다. 지질 시대를 통하여 가장 큰 대륙이었다 하여 초대륙supercontinent이라고 하지요.

과학이 발전하면서 지금은 베게너가 추측한 판게아 이전에도 대륙 이동이 있었다고 추정합니다. 지구의 대륙은 오랜 시간 동안 변화를 거듭하는 과정에서 각각의 대륙이 하나로 뭉쳤다가 다시 여러 개로 분리되기를 반복해 왔다는 주장이지요. 과학자들은 최초의 초대륙발바라은 31억 년 전에 형성되었고, 분리되었다가 다시 1억 년 만에 초대륙우르을 형성했다고 봅니다.

물론 다시 분리되지요. 27억 년 전에 형성된 초대륙케놀랜드, 18억 년 전에 형성된 초대륙콜롬비아, 11억 년 전에 형성된 초대륙로디니아, 6억 년 전에 형성된 초대륙파노티아에 이어 판게아는 가장 최근에 형성된 초대륙으로 3억 년 전으로 추산합니다.

현재 지구의 7개 대륙은 이 판게아에서 조각으로 분리된 것입니다. 인도는 현재 아프리카 남부와 남극 대륙 부근에서 분리된 덩어리였으나 북쪽으로 이동하여 유라시아 대륙과 다시 결합된 땅이지요. 그 결과가 히말라야 산맥으로 추정됩니다.

현재도 우리가 딛고 있는 땅, 지구의 판은 살아 움직이고 있습니다. 과학자들은 2.5억~3억 년을 주기로 초대륙이 형성되는 것으로 보는데요. 그 가설이 맞다면 언젠가 우리가 살고 있는 지구의 모든 대륙이 다시 하나로 이어지겠지요. 물론 21세기 인류는 하나가 된 대륙을 볼 수 없습니다.

호기심1 지구 공전은 1년인가, 2억 3000만 년인가?

만약 독자가 지금 책상 앞에서 이 책을 읽고 있는 중이라면, 아마도 가만히 앉아 있다고 생각하겠지요. 하지만 과학으로 보면 착각입니다. 당장 이 순간에도 독자나 저자, 과학자 모두 무서운 속도로 공간 이동을 하고 있으니까요.

과학자들은 아주 쉽게 증거를 제시합니다. 고개 들어 하늘을 올려다보라는 거죠. 해가 지평선에 걸려 있는 저녁 시간이면 더 좋습니다. 노을의 과학은 해가 가라앉는 것이 아니라 지구와 그 지표면에 있는 우리가 그만큼 공간 이동을 했다는 사실을 알려 줍니다.

자전할 때보다 공전하는 속도는 더 빠릅니다. 해 둘레를 1년마다 돌아야 하니까요. 그런데 지구와 같은 행성만 별을 돌고 있는 걸까요? 그렇지 않겠지요. 지구가 그 둘레를 돌고 있는 해를 비롯해 별들도 공전운동을 합니다.

해는 우리은하에 있는 1000억 개의 별 가운데 하나이고, 은하계 또한 우주에 있는 수십억 개의 은하 중 하나이죠. 은하 중심에서 2만 6000광년쯤 떨어져 있는 해는 은하 중심을 보며 공전하고 있습니다.

해가 공전한다는 사실은 태양계 전체가 돌고 있다는 뜻입니다. 태양계는 은하계 중심을 축으로 2억 3000만 년에 한 번씩 회전합니다. 지구의 공전 1년과는 감히 비교할 수 없는 시간대이지요. 먼 거리를 공전하다 보니 속도가 무척 빠를 수밖에 없습니다. 과학자들은 태양계가 초속 217킬로미터로 은하계를 회전한다고 발표했습니다.

결국 은하를 따라 돌고 있는 태양계에 속한 지구는 해의 공전 궤도를 따라 함께 도는 셈입니다. 은하적 시각에서 본다면 지구는 은하의 중심을 해와 함께 나선형 운동으로 공전하고 있는 거죠.

그렇다면 거시적으로 볼 때 지구의 공전 주기는 2억 3000만 년이라고 할 수 있지 않을까요. 태양을 공전하는 동시에 그 태양과 더불어 은하의 중심을 공전하고 있으니까요. 1년은 미시적 공전 주기라고 할 수 있겠죠.

물론, 과학자들은 공전 주기를 거시와 미시로 나누어 설명하지 않습니다. 하지만 지구 또한 은하의 중심을 돌고 있는 것은 사실입니다.

거시적 공전 주기를 상정한다면 지구는 지금까지 우리은하의 중심을 해와 함께 25바퀴쯤 돌았습니다. 가장 '최근' 공전을 마쳤을 때 지구는 어떤 모습이었을까요. 공룡이 지구를 지배하고 있었지요. 지구가 우리은하의 중심을 해와 더불어 다시 한 바퀴 돌고나면, 그때 지구의 풍경은 어떨까요?

호기심2 자연이 아름다운 이유는 무엇일까?

자연이 빚어내는 최고의 절경은 무엇일까요? 절경을 찾아 지구 곳곳을 여행하는 사람들이 많이 꼽는 곳은 미국의 대협곡 그랜드 캐니언입니다. 깊이가 최고 1.6킬로미터인 거대한 협곡에는 20억여 년의 지구 역사가 켜켜이 지층으로 쌓여 있지요. 사람마다 달라 더러는 극지방의 오로라를 꼽기도 합니다. 저는 어린 시절 밤하늘 가득 총총 빛나던 별들만큼 아름다운 자연을 여태 보지 못했습니다.

자연이 아름다운 이유는 무엇일까요? 과학으로 접근해 보면 모든 물질이 저마다 고유한 특성이 있기 때문이라고 풀이할 수 있습니다.

가령 밀도, 끓는점, 녹는점이 물질마다 다릅니다. 밀도를 비교하면 보통 기체가 가장 가볍고 그 다음 액체, 고체가 가장 무겁습니다. 그렇다면 왜 수소는 기체이고 알코올은 액체이며 금은 고체일까요? 기체가 되는 온도끓는점, 액체나 고체가 되는 온도녹는점, 어는점가 저마다 다르기 때문입니다.

수소는 −253도 이하에서 액체가 되기 때문에 상온에서 기체입니다. 만일 수소를 −253도 이하로 냉각하면 액체가 되지요. 상온에서 액체인 에틸알코올은 78도에서 기체가 되고 −115도로 얼리면 고체가 됩니다. 금은 1063도에서 액체가 되고 2970도에서 기체가 되기 때문에 상온에서 고체입니다.

기체가 되는 온도, 액체가 되는 온도, 고체가 되는 온도가 다른 갖가지 물질들이 어울려 밀도가 가벼운 물질은 가벼운 대로 무거운 물질은 무거운 대로 지구의 아름다운 풍경을 연출합니다. 하늘의 무수한 천체들도 마찬가지이지요.

만약 물질마다 고유의 특성이 없다면 어떻게 될까요? 기체와 액체와 고체가 어울려 있지 않다면 그래서 하늘도 바다도 땅도 없다면 어떨까요? 지상의 풍경은 물론 인간의 삶이 너무 단조롭고 삭막하겠지요. 아니, 인류가 아예 존재하지 않았을 수도 있습니다.

세상이 경이롭고 아름다운 이유는 물질들이 저마다 고유한 특성을 가지기 때문입니다. 우주 속에서 그 어떤 것도 다른 것에 비해 가치가 덜하거나 더하지 않습니다.

5장

지구계의 형성

암석의 순환

지구가 불덩이로 탄생하고 지각을 갖추는 과정에서 여러 요소가 영향을 주고받았는데요. 과학에서 상호 작용하는 구성 요소들의 집합을 '계system'라고 합니다. 태양계를 떠올리면 의미가 더 또렷해질 것입니다.

마찬가지로 지구계가 있습니다. 그럼 지구계를 이루는 구성 요소는 무엇일까요. 과학자들은 지권, 수권, 기권, 생물권, 외권으로 지구계가 형성되어 있다고 설명합니다. 각 권이 서로 영향을 주고받으며 지구계를 이룬다는 것이지요.

외권은 맨 끝에 있고 이름처럼 지구계 바깥이라는 어감을 주어 오해를 불러일으키기 십상이지만 가장 중요하다고 볼 수도 있습니다. 지권·수권·기권·생물권 모두의 전제 조건이니까요. 태양계와 우주가 바로 외권입니다.

외권과의 상호 작용이 없다면 지권, 기권, 수권, 생물권은 존재할 수 없습니다. 지구계의 근원적인 에너지원이 해이니까요. 해의 에너지는 지권에서 지표를 변화시킬 뿐만 아니라 수권과 기권에서 물과 대기의 순환을 일으키고, 생물권에서 생명 활동의 에너지원으로 작동합니다.

에너지의 순환과 더불어 지구계 내에서는 물질의 순환이 일어납니다. 어느 한 구성 요소에서 변화가 생기면 다른 요소에도 영향을 끼칩니다. 그럼 지권과 수권, 기권, 생물권을 차례대로 상세히 짚어볼까요.

먼저 지권입니다. 대륙 지각의 두께가 20~70킬로미터 정도로 주로 화강암으로 구성되어 있다는 사실 기억하나요? 암석을 눈여겨 관찰해 보면 다양한 알갱이로 이루어져 있음을 알 수 있습니다. 암석을 이루는 알갱이를 광물이라 하지요. 암석은 한 가지 광물로 된 것도 있지만 대부분 여러 종류로 이루어져 있습니다.

지금까지 지구에서 발견된 광물은 4000여 종입니다. 암석에서 흔히 볼 수 있는 광물은 20여 종인데요. 암석을 이루는 주된 광물을 조암 광물이라 합니다. 석영, 장석, 흑운모, 각섬석, 휘석, 감람석이지요.

광물 중에서 색과 빛깔이 아름답고 단단하여 장식품으로 이용되는 것이 바로 보석입니다. 금강석, 루비, 사파이어, 수정 등이 있지요.

광물은 대부분 여러 원소로 이루어져 있습니다. 하지만 산소, 규소, 알루미늄, 철, 칼슘, 나트륨, 칼륨, 마그네슘이 광물을 구성하는 원소의 98퍼센트 이상을 차지하지요. 지각의 8대 구성 원소라고 합니다.

지각이 암석이라는 말이 잘 와 닿지 않을 수도 있습니다. 우리가 딛고 있는 땅은 대부분 흙이니까요. 하지만 암석이 잘게 부서져 만들어진 것이 흙입니다. 한마디로 말하면 암석 가루이지요.

산에 오를 때 큰 바위 주변에서 떨어져 나간 돌조각들을 볼 수 있습니다. 자세히 살피면 돌조각들 색깔과 알갱이가 바위와 비슷하지요. 바위에서 떨어져 나온 돌조각이 더 잘게 부서지면 흙이 되는데요. 오랜 시간 비를 맞고, 바람도 맞으며, 낮에는 햇빛으로 달궈지고, 밤에는 다시 식는 과정을 되풀이하면서 점차 바위의 겉에서부터 쪼개지기 시작합니다. 때로는 바위의 작은 틈을 파고 들어간 식물의 뿌리가 자라면서 부숩니다.

비, 바람, 햇빛, 식물로 바위가 부서지는 과정을 '풍화'라고 부르지요. 부서진 바위는 오랜 시간을 거쳐서 흙이 됩니다. 암석에서 흙이 만들어지려면 수천 년의 세월이 흘러야 합니다. 흙이 얼마나 소중한지 새삼 깨달을 수 있지요.

화산 활동이 일어나면 땅속 깊은 곳에서 마그마가 지표의 약한 곳

조선의 화가 정선이 59세 때인 1734년에 그린 〈금강전도金剛全圖〉는 국보입니다. 금강산의 화강암들이 화폭에 가득합니다. 비행기가 없던 시기에 금강산 일만이천봉을 마치 상공에서 내려다보듯 담아 낸 <금강전도>는 조선의 산하, 곧 지각이 얼마나 아름다울 수 있는가를 보여 줍니다. 과학자들은 지각이 어떻게 굳어졌고 화강암은 어떻게 생겨났는지 탐구했습니다.

을 뚫고 나와 땅 위로 흐릅니다. '용암'이지요. 마그마나 용암이 식어서 굳어진 암석이 화성암입니다. 화성암으로 화강암과 현무암이 대표적이지요. 화강암은 마그마가 땅속 깊은 곳에서 서서히 식어 굳어진 밝은 색깔의 암석이고, 현무암은 마그마가 지표로 흘러나와 빠르게 식어서 굳어진 어두운 색깔의 암석입니다. 금강산, 북한산, 속리산, 설악산이 주로 화강암입니다. 현무암은 한라산, 백두산, 독도에서 볼 수 있습니다.

땅 위에 있는 커다란 바위가 풍화되면 잘게 부서지고 그 알갱이들이 빗물과 바람에 운반되어 물의 흐름이 느려지는 강의 하구나 바다 밑에 쌓이게 됩니다. 크고 무거운 자갈은 가장 아래쪽에 가라앉고 그 다음에 모래, 진흙 순으로 퇴적되겠지요.

쌓인 퇴적물은 늘어날수록 무게 때문에 꾹꾹 눌려 다져집니다. 물속에는 흙 알갱이들을 서로 엉겨 붙게 하는 물질들이 있어서 퇴적물을 더욱 단단하게 붙여 주지요. 오랜 세월 퇴적물이 눌려져서 굳어진 암석이 퇴적암입니다. 산호, 조개껍데기처럼 석회 물질로 된 생물의 유해가 쌓이거나 물에 녹아 있던 석회 물질이 가라앉아 바다나 호수 바닥에 쌓여 만들어진 퇴적암이 석회암입니다.

수백만 년 전 지구에 살던 거대한 고사리나무나 석송 같은 양치식물이 늪에 가라앉고 그 위로 퇴적물이 쌓이면서 열과 압력을 받으면 검은색으로 변하는데요. 바로 석탄이지요. 석탄도 퇴적암입니다.

그러니까 '판'뿐이 아니라 암석들도 변해 가고 있는 거죠. 암석의 순환이라고 하는데요. 지표에 드러난 암석이 잘게 부서져 물이나 바람에 운반되었다가 쌓여 퇴적물이 되고, 퇴적물이 계속 쌓여 굳으면 퇴적암이 됩니다. 그리고 암석이 지하 깊은 곳에서 높은 열과 압력을 받으면 변성암이 되지요. 더 높은 열을 받아 녹으면 마그마입니다. 마그마가 식어서 굳으면 화성암이지요. 요컨대 암석은 끊임없이 다른 암석으로 변합니다.

지권을 이루는 암석들도 오랜 시간에 걸쳐 순환하고 있는 거죠. 단단해 보이는 돌 또한 그렇게 돌고 돕니다.

물은 어디에서 오는가

그럼 암석의 순환에서 중요한 작용을 해 온 물을 살펴볼까요. 지구는 '물의 행성'이라 불릴 만큼 지구계에서 수권은 중요합니다. 태양계의 여러 행성 중 지구는 액체 상태의 물이 있는 유일한 행성이지요. 40억 년 전에 지구는 모두 바다로 뒤덮여 우주에서 보면 파란 공처럼 보였을 터입니다.

지금도 지표의 71퍼센트를 바다가 차지합니다. 물의 행성임을 실감할 수 있지요. 지구의 물은 크게 육지에 있는 물과 바닷물로 구분하는데요. 물 97퍼센트가 바다에 있습니다.

육지에 있는 물은 3퍼센트에 지나지 않는데 그나마 높은 산이나 고위도 지역에 빙하로 얼어붙은 '물'이 전체의 2퍼센트이지요. 나머지 1퍼센트가 시냇물, 강, 호수, 지하수입니다. 인류가 일상생활에서 사용하는 물의 공급원은 지극히 한정된 셈입니다.

새삼 바다의 광대함을 실감할 수 있겠지요? 지구의 바다는 오대양이라는 말처럼 태평양, 대서양, 인도양, 북극해, 남극해로 나뉩니다.

오대양과 이어지면서도 색깔 있는 바다 구역들이 있는데요. 당장 우리가 서해라 부르는 황해가 있지요. 황해는 영문 그대로 노란 바다Yellow Sea입니다. 중국의 황하가 내려 보내는 황토가 침적되어 붙여진 이름이지요. 홍해, 곧 붉은 바다Red Sea는 아프리카 대륙과 아라비아 반도 사이에 있는 좁고 긴 바다이지요. 붉은 해조류가 많아 붙은 이름입니다. 흑해, 검은 바다Black Sea는 유럽 남동부와 아시아 사이에 있는 내해이지요. 물빛이 군청색으로 진합니다.

이름으로 나누고 있을 뿐 바다는 하나로 이어져 있지요. 바다는 육지와도 강물로 촘촘하게 연결되어 있습니다. 모든 강물은 거슬러 올라가면 발원지에 이릅니다. 가령 태평양과 이어지는 서해로 흘러드는 한강을 볼까요. 한강이 임진강과 만나는 경기도 파주를 거슬러 서울과 충주를 지나 마침내 태백산 검룡소까지 올라갑니다. 검룡소에서 샘솟는 물이 도도하게 흘러 강을 이루고 마침내 바다까지 이어지지요.

그렇다면 바다의 기원을 모든 강의 발원지로 볼 수 있을까요. 아닙니다. 앞서 보았듯이 지구에 모든 물의 97퍼센트가 바다이고, 빙하를 제외한 강물은 1퍼센트이니까요. 더구나 발원지의 물은 어디서 왔는가라는 질문도 나올 수 있거든요.

그럼 그 많은 물이 모인 바다는 어떻게 생겨났을까요? 갓 태어난 지구는 무수한 운석과 충돌하여 전체가 뜨거운 불덩어리였을 것으로 추정됩니다. 따라서 액체 상태의 물은 존재할 수 없었지요.

물의 기원에 가장 유력한 과학의 응답은 지구 내부에서 일어난 가스 방출입니다. 그러니까 화산 활동으로 물이 생겨났다는 설명이지요. 지금도 화산에서 뿜어져 나오는 기체 중에서 가장 많은 성분이 수증기입니다. 83퍼센트에 이르며, 다음이 이산화탄소로 12퍼센트입니다.

46억 년 전 지구가 탄생한 뒤 지구 내부의 물질들 속에 포함되어 있던 물은 화산 활동이 활발하게 일어날 때 용암과 함께 지구 표면으로 빠져나왔습니다. 지표로 올라온 물 대부분은 뜨거운 수증기 상태로 하늘로 올라가 다른 기체와 함께 대기권기권을 형성했지요. 일부는 낮은 곳으로 흘러가며 모였습니다.

표면에서 활발하게 일어난 화산 활동과 운석의 충돌 때문에 점점 더 많은 양의 수증기가 대기 중으로 공급되었습니다. 이윽고 운석의 충돌 횟수가 줄어들면서 지구 표면이 조금씩 식어 갔지요. 운석이 충돌할 때 생기는 폭발력으로 지구의 표면 온도가 들끓었거든요.

지표면이 냉각되면서 대기 중의 수증기가 응결해 두꺼운 구름층을 형성했고, 마침내 많은 비가 내리게 되었지요. 지표로 떨어진 빗물은 지하수를 형성하거나 지표를 따라 흘러 낮은 곳으로 이동했고, 이 물이 더 낮은 곳으로 모여들기 시작했습니다.

지표를 식히는 비가 내렸다고 우리가 흔히 떠올리는 '시원한 비'를 떠올리면 상상력 부족입니다. 과학자들은 지구 최초로 내리기 시작한 비는 300도의 펄펄 끓는 비였을 것으로 추정합니다. 대기압에 따라 100도 이상에서도 물이 존재할 수 있거든요.

그렇다면 당시 지표의 온도는 얼마였을까요. 1300~1500도로 추론합니다. 100도 정도가 살갗으로 체험할 최대치인 인간에게 300도나 1500도는 상상을 넘어서 있겠지요. 그럼에도 300도의 끓는 빗줄기들이 1500도의 지표를 '식혔다'는 사실은 과학입니다.

지표가 식으면서 더 많은 수증기가 하늘로 올라갔고 그만큼 많은 비가 내렸겠지요. 땅은 한층 더 식고 그에 따라 더 많은 비가 내렸습니다. 그렇게 바다가 이뤄졌지요.

바닷물이 짠 이유도 바다를 이루는 과정에서 찾을 수 있습니다. 바닷물이 짠맛을 강하게 내는 것은 소금 성분인 염화나트륨NaCl이 많이 들어 있어서입니다.

지구가 탄생할 때 대기에는 수증기와 함께 황이나 염소 등의 산성 물질이 많이 섞여 있었지요. 그 물질들이 섞여 내리는 빗물은 강한 산성을 띠고 있어서, 지구 표면의 암석을 잘 녹일 수 있었습니다. 광물을 구성하는 원소 가운데 물에 쉽게 녹는 물질이 빗물에 녹은 채 바다로 흘러들어 간 거지요.

더구나 화산은 육지보다 바다 속에 더 많이 분포하는데요. 화산이 폭발할 때 나오는 화산 가스에 포함된 염소와 황 등의 성분이 바닷물에 녹아 구성 성분이 됩니다.

따라서 바닷물의 염분은 지역에 따라 조금씩 다릅니다. 일반적으로 하천의 물이 유입되는 연안 바닷물의 염분은 낮고, 강수량이 적고 증발량이 많은 지역의 바다 염분은 높습니다. 아라비아반도 북서부에 있는 사해는 염분이 높아 헤엄을 치지 못하는 사람도 저절로 뜬다고 하지요. 사해가 대륙 안에 갇혀 있기에 민물이라고 생각하기 쉽지만 전혀 아니지요.

땅이 그렇듯이 평화롭게 보이는 바다 또한 끊임없이 운동합니다. 파도가 증언해 주듯이 잠시도 쉴 틈이 없답니다. 드넓은 바다의 물이 해의 에너지를 받아 증발해서 수증기가 되고, 수증기는 구름을 이루다가 비나 눈이 되어 다시 바다나 육지에 내립니다. 육지에 내린 비나 눈은 하천수, 지하수, 호수가 되며, 추운 지역에서는 빙하가 되지요.

하천수는 육지의 표면을 따라 흐르고, 지하수는 땅속으로 스며들어 흙이나 암석 틈을 따라 천천히 이동하면서 바다로 흘러들어 갑니다. 지표면의 물은 다시 증발하여 수증기가 되니까 수권을 이루는 물은 외권, 기권, 지권, 생물권과 상호 작용하며 끊임없이 순환하고 있는 거지요.

지구와 비교해 수성이나 금성은 해와 너무 가까워 물이 모두 수증기로 변해 물기 하나 없는 삭막한 행성이 되었습니다. 반면 화성부터

귀스타브 쿠르베가 1869년에 그린 <폭풍우 치는 바다, 파도>를 보면 바다의 장엄함을 느끼게 됩니다. 쿠르베는 폭풍우와 먹장구름, 파도가 몰려오는 해변에서 인간이 얼마나 작으면서도 강인한 존재인가를 표현했습니다. 바다는 어떻게 저토록 많은 물을 모았을까요. 그것을 규명하는 것이 과학입니다.

는 해에서 멀리 떨어져 매우 춥습니다. 지구는 딱 좋은 거리에 자리를 잡은 덕에 물이 수증기도 얼음도 아닌 액체 상태로 존재하는 것이 가능했고 그래서 바다가 만들어질 수 있었어요.

파도가 몰아치는 바다 밑은 어떨까요? 20세기에 들어서서도 사람들은 바다 밑바닥을 그저 평평한 들판으로 상상하였습니다. 우리 조상들은 바다 속에 용궁이 있다는 설화를 들려주기도 했지요.

1912년 영국의 호화 여객선 타이태닉호가 빙산에 부딪혀 침몰한 뒤 사람들은 바다 속에 무엇이 있는지 알아내야 한다고 생각했지요. 해양학자들은 바다 속을 탐험해 골짜기와 산, 들판이 있다는 사실을 알아냈습니다.

육지의 산맥과 같이 연속적으로 이어져 있는 것이 해령입니다. 특히 대서양 아래에 총길이 6만 킬로미터에 이르는 거대한 바다 산맥이 있습니다. 대서양 축을 따라 아래로 아프리카와 남극 대륙 사이의 중앙부를 거쳐 방향을 바꿔 인도양 중심까지 뻗어 있으며 지진 활동이 활발하지요. 산맥 정상부는 2000~3000미터에 이릅니다. 백두산 높이의 산들이 바다 아래 줄을 지어 있는 셈이지요.

바다 밑바닥에는 좁고 길게 움푹 들어간 골짜기, 해구도 있습니다. 일본 해구, 필리핀 해구처럼 환태평양 주위를 따라 발달되어 있지요. 10킬로미터가 넘는 바다 골짜기들도 많습니다.

바다의 평균 깊이는 3800미터입니다. 서울에서 가장 높은 북한산 높이보다 4.5배나 더 깊지요. 하지만 그 깊은 바다도 지구 반지름의

1680분의 1밖에 안 됩니다. 과학자들은 지름 30센티미터의 지구의에 바다의 두께를 표시한다면 종이 한 장 정도의 두께밖에 안 된다고 설명합니다.

바다의 온도는 어떨까요? 수면 부근은 해의 에너지를 받아 수온이 높고, 바람의 영향으로 아래쪽 해수와 잘 섞여 수온이 큰 차이 없이 일정한 층이 나타납니다. 외권과 기권의 영향을 받는 혼합층이지요. 혼합층의 두께는 해수면에 부는 바람이 셀수록 두꺼워지겠지요. 섞이는 부분이 많아지니까요.

혼합층 아래로 가면 수온이 급격하게 변하는 층이 나타납니다. 수온 약층이라 합니다. 수온 약층은 기권의 영향 없이 외권의 영향을 받지만 아래로 갈수록 수온이 낮아져 대류가 일어나지 않지요.

수온 약층 아래로 심해층이 나타납니다. 외권과 기권의 영향이 거의 없는 심해층이 바다의 대부분을 차지하지요. 계절에 따른 수온 변화가 거의 없습니다.

바다는 한곳에 머물러 파도만 치고 있는 듯이 보이지만 끊임없이 흐릅니다. 강물이 흐르듯이 일정한 방향으로 지속적인 흐름이 나타나는데요, 해류라고 합니다. 표층 해류는 해수면에 지속적으로 부는 바람에 의해 발생하고 지구 자전의 영향을 받습니다. 표층 해류 중 위도가 낮은 지역에서 위도가 높은 곳으로 흐르는 따뜻한 해류를 난류, 고위도에서 저위도로 흐르는 찬 해류를 한류라고 합니다. 우리나라 주변에서는 난류와 한류가 모두 흐르지요. 동해는 난류와 한류가 만나 황금어장을 형성합니다.

바다와 더불어 지구계 수권을 이루는 담수는 짠맛이 나지 않는 물로, 육지에 분포합니다. 담수 중 가장 많은 빙하는 극 지역에 대부분 자리하고 높은 산악 지대에도 분포합니다. 눈이 내려 쌓일 때 눈 결정 사이에는 틈이 생기고, 그 틈에 공기가 채워지는데요. 눈이 계속 쌓이면 아래쪽은 위에서 누르는 눈의 무게 때문에 다져져 단단해집니다. 눈 결정은 얼음 결정이 되고, 눈 결정 사이에 있던 공기는 갇힙니다.

두꺼운 얼음 덩어리는 중력 때문에 낮은 곳으로 흘러내리는데요. 바로 빙하입니다. 빙하에는 눈이 쌓이는 과정이 반복되어 만들어진 나무의 나이테와 같은 흔적이 있지요. 공기와 함께 화산재나 꽃가루를 품고 있기도 합니다.

수천 년 동안 쌓인 빙하는 과거를 차곡차곡 담고 있습니다. 가령 빙하 속에 갇힌 이산화탄소의 양을 분석하고 지구의 기온 변화를 비교해 보니 거의 비슷한 추이를 보였지요. 이산화탄소의 농도가 높으면 기온이 높았어요. 빙하의 얼음조각 안에 지구 온난화의 주범이 이산화탄소라는 정보가 들어 있던 셈입니다.

담수는 끊임없이 바다로 흘러들고 다시 증발되어 구름과 비로 이어져 담수가 됩니다. 물은 순환하는 내내 움직이면서 지구의 지형을 다채롭게 변화시켜 갑니다.

지구가 지권에서 수권을 형성해 가는 과정은 기권을 이루는 과정이기도 합니다. 지구가 탄생하고 내부로부터 분출된 수증기와 화산 가스가 바다와 대기를 생성했으니까요.

대기를 이루는 물질

지구 내부의 물질이 표출하는 과정에서 엄청난 열과 함께 휘발성 성분인 메탄가스, 수소, 암모니아, 이산화탄소, 질소, 수증기가 방출되었습니다. 기나긴 세월에 걸쳐 지구는 점차 온도가 내려가고 이산화탄소와 수증기가 점점 많아지면서 하늘에 대기의 기초가 형성되었습니다. 지구 초기에 이산화탄소와 수증기로 80퍼센트가 덮여 온실 효과가 일어났지요.

중력에 묶여 지구 주위를 둘러싸고 있는 기체가 바로 대기입니다. 지구 중력에 의해 거의 같은 높이로 형성되어 있으므로 둥근 지구 위에 동심원처럼 영역을 형성하고 있는 셈이지요. 이를 대기권 또는 '기권'이라 합니다. 대기권을 구성하는 기체를 통칭해서 대기라 하지요.

따라서 인간은 엄청난 무게의 기체 압력을 받으며 살고 있는 셈입니다. 과학자들은 인류가 수백 킬로그램의 공기를 머리와 어깨에 이고 살고 있지만 익숙해서 그 무게를 느끼지 못할 뿐이라고 설명합니다.

기권은 지표에서 약 1000킬로미터까지의 지구를 둘러싼 대기층으로 대부분 지표면에 밀집해 있으며, 높이 올라갈수록 대기가 희박해집니다. 현재 지구의 대기는 약 78퍼센트의 질소 분자와 21퍼센트의 산소 분자, 1퍼센트의 물 분자, 그리고 미량의 아르곤, 이산화탄소 등으로 이루어져 있습니다.

대기의 가장 낮은 부분이 대류권인데요. 지표면에서 10~12킬로미터까지 뻗어 있습니다. 높이에 따른 기온 변화로 대류 현상이 일어나지요. 기체나 액체가 열을 받아 분자운동이 활발해져 분자 사이의 거리가 멀어지면서 가벼워지면 위로 올라가고, 열을 받지 않은 부분은 무거워져 아래로 내려오지요.

구름이 만들어지거나 눈, 비 등이 내리는 기상 현상이 일어나려면 대류 현상과 수증기가 반드시 있어야 합니다. 대류권의 기체들은 주로 질소 분자와 산소 분자이며, 밀도가 높아 지구 대기의 90퍼센트와 수증기의 99퍼센트를 차지합니다.

지구에서 가장 높은 산들도 대류권 안에 머무릅니다. 그러니까 인류의 일상적인 하루하루의 모든 활동은 대류권에서 이루어지는 거죠. 대류 현상이 나타나더라도 지표 복사 에너지 차이가 있기에 대류권 위로 올라갈수록 기온이 떨어집니다. 지표면의 기온은 약 15도, 대류권 계면은 영하 56.5도입니다.

대류권보다 높이 올라가면 성층권이 나옵니다. 대류권 위에서 지표면 50킬로미터까지의 대기층이지요. 성층권에선 고도 25킬로미터를 중심으로 오존이 많이 존재하는데요. 오존층은 지구에 살고 있는 생물들에게 해로운 강한 자외선을 거의 흡수합니다. 장기적인 기후 변동과 오존층이 밀접한 관계가 있기에 대기를 연구하는 과학자들이 중시하고 있습니다.

성층권 위쪽으로 지상 50~80킬로미터 사이에 있는 대기층을 '중간권'이라고 합니다. 대기권에서 가장 기온이 낮은 곳이지요. 지표면으로부터 떨어져 있어 표면에서 방출되는 열을 받을 수 없고, 해의 에너지를 직접 받기도 어렵기 때문입니다.

중간권 최상부의 온도는 영하 90도 정도이나 때때로 영하 130도까지 온도가 내려갑니다. 대류 운동이 미약하게 일어나지만 수증기가 없으므로 구름이 생기거나 눈, 비와 같은 기상 현상은 나타나지 않지요. 눈이나 비가 생기려면 수증기가 구름으로 뭉쳐야 하니까요.

열권은 지표면 기준 80킬로미터에서 1000킬로미터 사이입니다. 해의 열을 흡수하기 때문에 고도가 올라갈수록 온도가 높아지지요. 인간이 느낄 수 없겠지만 1700도까지 올라가는 것으로 추정됩니다. 인공위성이 돌고 있는 궤도가 열권입니다. 아름다운 오로라가 빚어내는 오색 빛 장관이 펼쳐지는 곳이기도 하지요.

지금까지 알아보았듯이 대기는 태양열을 어느 정도 줄여주며, 지표에서 빠져나가는 열을 잡아 주기도 합니다. 그렇게 하여 낮과 밤의 온도 격차를 줄여 주어 생명체가 살기 적당한 온도를 유지해 주지요. 만약 대기가 없다면 어떻게 되었을까요? 지구의 평균 기온은 영하 18도의 얼음 행성이 되었겠지요.

그러니까 지구의 생물들이 살아가는 생물권은 지구계를 이루는 요소들, 외권·지권·수권·기권이 끊임없이 영향을 주고받은 결과입니다. 화성의 생명체 탐사에 참여한 과학자 제임스 러브록은 지구가 대지지권, 해양수권, 대기기권가 생명체와 하나로 엉켜 생존에 적합한 조건을 만들어 내는 '살아 있는 유기체'라고 주장했는데요. 그리스 고대 신화에 나오는 지구의 여신 이름에서 빌려와 '가이아 학설'이라 명명했습니다. 그의 가설이 아니더라도 지구는 그 자체가 살아 있는 생명체이지요.

지구의 자전 속도 24시간에 담긴 신비

지구가 자전하는 24시간은 불변의 물리 법칙일까요? 모든 자연 현상이 그렇듯이 우주에 불변의 질서는 없습니다.

지구가 처음 탄생했을 때는 자전 속도가 빨랐답니다. 하루 길이가 6시간 정도였다고 과학자들은 추정합니다. 해가 뜨면 3시간 후에 지고, 3시간 동안 밤이다가 다시 아침이 온 셈이지요. 달도 처음 생겨났을 때는 지구와 거리가 지금보다 훨씬 가까웠습니다. 당연히 지구 주위를 빨리 돌았겠지요. 달이 가까운 만큼 바닷물의 간만 차이도 컸으며, 조석의 주기도 아주 짧았습니다.

수억 년이 지나면서는 지구의 자전 속도가 수만 년에 1초 정도로 아주 조금씩 느려졌습니다. 자전 속도가 줄어든 까닭은 무엇일까요? 달의 인력으로 미세기밀물과 썰물, 조석가 일어날 때 출렁거리는 바닷물의 거대한 흐름이 자동차 브레이크처럼 작용했기 때문입니다. 가까이 있던 달이 자전 속도를 늦춘 셈이지요.

수억 년 전 지구 표면에 발생하던 엄청난 태풍들도 자전 속도를 줄이는 작은 원인이 되었다는군요. 그럼 여전히 미세기와 태풍이 있는 지금은 어떨까요? 과학자들에 따르면 현재도 지구의 자전 속도가 100년에 1~3밀리초ms, 1000분의 1초 정도 느려지고 있습니다.

아무튼 초기에 자전 속도가 빨랐기에 지구는 빨리 냉각될 수 있었어요. 자전 속도가 고속이면 낮과 밤의 교대가 짧아짐으로써 낮에 햇빛을 받을 시간이 적어질뿐더러 빨리 식겠지요. 대기의 온도가 높아질 가능성이 그만큼 적어진 거죠. 태풍과 폭우도 심해 지표면의 풍화와 침식이 더 빨리 진행되어 바닷물로 많은 영양 물질이 들어갈 수 있었지요. 바로 그 결과입니다. 바다에서 생명이 탄생하는 순간을 앞당겼습니다.

그러니까 현재 지구의 자전 속도 24시간은 인류의 조건입니다. 만일 지구가 그보다 빨리 돌면 원심력이 강해지겠지요? 그러면 공기들이 우주 공간으로 날아가 버립니다. 반대로 너무 느려 하루의 길이가 길어진다면 어찌 될까요? 낮에 해가 오래 비쳐 기온이 마구 올라갈 테고, 밤에는 기온이 너무 내려가는 현상이 생기겠지요. 한마디로 인간이 살기 어려운 환경이 됩니다.

지금의 지구 자전 속도는 빠르지도 않고 느리지도 않아 대자연이 정밀하게 계산해 낸 최적의 속도라 할 수 있습니다. 다만, 과학자들의 그런 설명은 '제 논에 물대기'식이지요. 인간은 지구의 자전 속도에 적응해 온 진화의 산물이라고 보는 게 더 과학적인 설명일 테니까요.

호기심2 흙먼지에 담긴 영겁의 세월과 생명

아스팔트가 많이 가리고 있지만 지각에서 가장 흔하게 마주치는 것이 흙입니다. 어쩌다가 옷에 흙이 묻으면 불쾌해하는 사람들이 많습니다. 하지만 교사인 김윤현 시인은 시 <땅>에서 예찬합니다.

"쓰레기와 몸을 섞으면서/ 지렁이와 함께 뒹굴면서/ 썩은 음식을 받아먹으면서/ 시체와 오래도록 누워 있으면서/ 멀쩡하게 살아 있는 그대/ 땅땅거리지 않아서 기분 좋다/ 그대 하늘처럼 높다"

과학으로 짚어도 흙은 결코 가볍게 볼 수 없습니다. 큰 바위가 고운 흙으로 변하는 과정을 상상하는 것만으로 충분합니다, 단단한 바위에서 흙까지 걸리는 시간을 생각하면 모든 흙먼지에는 수천 년의 시간이 담겨 있습니다. 바위 생성까지 거슬러 올라가면 영겁의 세월이지요.

더구나 흙은 바위가 풍화되어 생기는 것만은 아닙니다. 흙이 된 뒤에도 성분이 조금씩 변하거든요. 맨 위에 있는 흙은 죽은 생물이나 배설물과 섞여 양분이 풍부합니다. 흔히 '부식토'라 부르지요. 그 흙에는 우리 선인들의 피와 살, 뼈가 스며들어 있습니다.

수천 년에 걸쳐 사람이 죽으면 매장해 왔지요. 더구나 숱한 전쟁에서 흘린 피를 생각해 보세요. 어찌 감히 흙을 쉽게 생각할 수 있겠어요. 하나의 흙덩이는 수만의 미지의 생명이 이룬 것이라는 말도 그런 맥락에서 나왔습니다.

부식토, 그러니까 기름진 흙 아래로는 양분이 적은 흙인 심토가 있고, 더 깊게 파 보면 작은 돌조각들, 더 깊은 곳엔 큰 바위로 이루어진 기반암을 볼 수 있습니다.

우리가 무시하기 십상인 흙이 없다면 어떻게 될까요? 우리가 먹는 밥과 반찬, 빵은 없을 것입니다. 우리가 먹는 모든 농산물은 흙에서 기르니까요. 심지어 옷의 재료도 땅에서 키웁니다. 집이나 건물의 재료에도 흙이 많이 사용되지요.

사람만이 아닙니다. 식물도 흙 속에서 양분을 얻고, 동물도 흙에서 먹이나 집을 얻어 살아갑니다. 흙은 모든 생물의 소중한 터전인 거죠. 흙에서 우리는 선인들과 뭇 생명들의 주검이 녹아들어 다시 새로운 생명을 먹여 살리는 순환을 깨우칠 수 있습니다.

흙 속에 또 다른 우주가 숨 쉬고 있지요. 문학적 은유가 아니라 과학적 사실입니다.

6장

초록의 신비: 광합성

생명의 탄생과 '산소 혁명'

지구의 전제인 우주와 태양계외권에 이어 지구계를 구성하는 지권·수권·기권을 살펴보았는데요. 지구계의 마지막은 생물권입니다.

생물은 어떤 특성을 지니고 있을까요. 세포로 몸을 이루어 조직이나 기관과 같은 여러 구성 단계를 거치면서 개체를 형성합니다. 살아가는 데 필요한 물질을 스스로 만들거나 혹은 먹이를 섭취하여 얻고 이 과정에서 에너지를 받아 이용합니다.

그러니까 생물체는 단순히 여러 종류의 세포들 집합체가 아닙니다. 생명 현상의 '하모니'랄까요. 숨을 쉬고, 움직이고, 음식물을 소화하는 생명 활동은 대단히 정교하고 복잡한 화학 반응으로 이루어지며 그 과정에서 드나드는 에너지로 살아갑니다.

생물체는 자신의 생명을 지키기 위해 어떤 자극에도 적절히 반응하면서 항상성*을 유지합니다. 점점 성장하다가 이윽고 노화하며 죽는데요. 자신의 유전자를 남기는 번식을 통해 다음 세대를 이어갑니다. 다양한 유전자의 만남을 통해 진화하고 환경에 적응해 가지요.

휘태커의 분류법에 따라 생물은 크게 원핵생물계, 원생생물계, 균계, 식물계, 동물계의 다섯 무리로 나눕니다. 원핵생물계는 가장 원시적인 생물로 핵막이 없어 세포에 핵이 없고 단세포로 되어 있어요. 세균들이 이에 속합니다. 원생생물계는 핵막으로 둘러싸인 핵을 지닌 단순한 형태의 생물로 아메바, 짚신벌레, 김, 미역 등이 있습니다. 균계는 핵이 있고 광합성을 하지 못하므로 다른 생물에 기생하여 양분을 얻는 곰팡이와 버섯을 이릅니다. 식물계는 핵이 있고 스스로 광합성을 하여 양분을 얻으며 한곳에 뿌리를 내리고 생활하는 고사리, 이끼, 풀이나 나무입니다. 동물계는 핵이 있고 광합성을 하지 못하므로 먹이를 통해 양분을 섭취하고 움직이지요.

현대 과학이 눈부시게 발전해 왔다지만 우주의 탄생 못지않게 생물의 기원도 정확히 알 수는 없습니다. 사실 생명의 기원은 과학 이

---

* 항상성은 "생체가 여러 가지 환경 변화에 대응하여 생명 현상이 제대로 일어날 수 있도록 일정한 상태를 유지하는 성질. 또는 그런 현상"을 뜻한다.

전부터 인간의 관심사였는데요.

만물과 함께 신이 생물을 창조했다는 창조설, 진흙이나 곡식에서 생물이 생겼다는 우발설자연 발생설이 있었습니다. 일부 과학자들은 생명이 다른 천체에서 지구로 날아왔다고 주장했지요.

생명 탄생의 신비는 앞으로도 긴 시간 미지의 영역으로 남을 가능성이 높습니다. 과학자들은 우리 인류가 생명 탄생의 비밀을 모른 채 멸종할 수도 있다고 고백합니다.

현재 과학계에선 지구 역사의 일정 시기에 무생물로부터 생물이 생겨났다는 학설이 일반적으로 인정되고 있습니다. 과학자 알렉산드르 오파린의 '화학 진화설'이 선구적이지요.

이미 우리가 짚었듯이 46억 년 전 원시 지구의 표면은 화산 활동과 운석 충돌로 불덩이였습니다. 그러다가 온도가 점차 내려가면서 지각과 바다, 대기가 생성되었지요. 원시 대기는 수소H_2, 수증기H_2O, 암모니아NH_3, 메테인CH_4 들로 구성되어 있었습니다. 원시 지구는 오존층이 없었기에 해의 자외선이 그대로 지구에 도달하였지요.

오파린은 3단계로 설명하는데요. 첫 단계에선 원시 지구의 대기에 해의 자외선, 방사능, 번개, 화산 폭발에 의한 고열의 높은 에너지가 공급되어 간단한 유기물들이 생성됩니다.

대기 중에 형성된 간단한 유기물들이 빗물과 함께 떨어져 축적되면서 두 번째 단계에 들어섭니다. 원시 대양이 마치 뜨거운 유기물 수프처럼 되었고, 간단한 유기물들이 다시 반응하여 단백질이나 핵산과 같은 복잡한 유기물을 형성하는 단계이지요. 세 번째 단계에서 고분자 화합물들이 서로 어울려 자기 복제를 하고 물질대사를 할 수 있는 원시 생명체가 만들어집니다.

과학자들의 실험이 오파린의 가설을 뒷받침해 주었습니다. 먼저 밀러가 46억 년 전의 원시 지구와 유사한 상태를 재현한 실험 장치를 고안해 기체에 전기 방전을 하여 무기물로부터 아미노산과 같은 간단한 유기물이 합성될 수 있음을 보여 주었습니다.

자기 복제를 할 수 있는 생명체가 되려면 생체 고분자 화합 물질들이 외부와 격리될 수 있는 막이 필요한데요. 오파린은 원시 바다의 탄수화물, 단백질 및 핵산의 혼합체로부터 만들어진 '코아세르베이트'가 무수히 많이 생겨났고 이들이 점점 복잡해지면서 효소와 DNA가 만나 자기 복제를 할 수 있었다고 주장했습니다. 그들이 증식 능력과 물질대사 능력을 가짐에 따라 생명체의 진화가 시작되었다는 설명이지요.

요컨대 원시 지구 환경에서 화학 반응으로 유기물이 만들어지고, 이 유기물로부터 자기 복제 기능을 가진 최초의 생명체가 탄생했다는 것이 현재 과학계의 일반적 '믿음'입니다.

원시 생물이 처음 나타난 곳은 바다입니다. 초창기 지구 대기에는 지금과 달리 오존층이 없었기 때문에 해로부터 나오는 자외선을 막을 방법이 없었거든요. 자외선을 피할 유일한 곳이 바다였습니다.

지구 최초의 생물은 산소가 없는 물속에서 생활하며 물에 들어 있

폴 세잔이 1896년 내놓은 <큰 소나무>는 배경의 숲과 더불어 초록의 향연을 보여 줍니다. 푸른 나무들로 작품 전체가 싱그럽게 살아납니다. 나무는 어떻게 커가고 초록색을 띨까요? 과학자들의 답이 광합성입니다.

는 영양분을 섭취하던 세균, 곧 원핵생물로 추정됩니다. 원핵생물은 세포핵이 없는 단세포 생물을 뜻하지요.

원핵생물이 빠르게 번성함에 따라 심각한 먹이 부족을 겪었겠지요. 과학자들은 그 상황에서 일부 변이체들이 스스로 양분을 만들어 낼 수 있는 독립 영양 생물로 진화하였을 것으로 보고 있습니다. 최초의 독립 영양 생물들은 당시 대기와 바다에 풍부했던 이산화탄소와 수소 또는 황화수소를 이용하여 광합성 활동을 했던 박테리아 종류로 추정합니다.

광합성光合成, photosynthesis은 식물이 이산화탄소와 물을 원료로 햇빛의 도움을 받아 유기물을 만드는 과정$6CO_2+12H_2O \rightarrow C_6H_{12}O_6+6O_2+6H_2O$이지요. 산소가 부산물로 만들어집니다. 수소와 황화수소는 풍부하지 않았으므로 이산화탄소와 물을 이용해 광합성을 하는 종류가 번식에 유리했을 것으로 추정됩니다. 그 대표적 미생물이 남색의 세균이라는 뜻의 남세균藍細菌, cyano bacteria입니다.

현재까지 발견된 가장 오래된 화석이 35억 년 전의 남세균 화석입니다. 지금도 오스트레일리아에 가면 광합성 활동 중인 남세균의 끈적한 덩어리와 물속을 떠다니던 모래 입자들이 엉켜 층층이 쌓여 자라난 퇴적물스트로마톨라이트을 볼 수 있습니다.

퇴적되는 환경에 따라 기둥 모양, 돔 모양, 원뿔 모양, 판상널빤지 모양으로 성장하는데요. 지구촌 곳곳의 지층에서 발견되는 것으로 보아 남세균들이 왕성히 활동하며 지구에 산소를 공급했다고 볼 수 있습니다.

원시 지구의 대기 중 산소의 양이 지금의 10퍼센트 수준에 도달한 것은 6억 년 전입니다. 이를 '산소 혁명'이라고 합니다. 과학자들은 지구에서 산소가 만들어지는 방법에는 기본적으로 두 가지가 있다고 설명합니다. 광분해와 광합성이지요. 광분해photolysis는 대기권 상층부에서 일어나는 현상인데요. 물 분자H_2O가 자외선에 부딪히면서 산소와 수소로 분리되는 반응입니다. 이 과정에서 만들어진 수소는 가벼워서 지구의 중력으로 붙잡을 수 없기 때문에 대기권 밖으로 달아나 버리지만, 산소는 무겁기에 대기권에 남게 됩니다.

지금도 광분해로 생산되는 산소는 연간 200만 톤이라고 하지요. 엄청나게 느껴지지만, 광합성으로 생산되는 연간 산소량 200억 톤에 비하면 1만 분의 1에 지나지 않습니다. 그만큼 광합성이 중요하다는 뜻이지요.

지구의 생물을 세포의 구조적 특징으로 보면 원핵생물과 진핵생물로 크게 나누는데요. 진핵생물은 세포에 막으로 싸인 핵을 가진 생물로서 원핵생물을 제외한 모든 생물입니다.

원핵세포는 크기가 1~10마이크로미터μm, 100만 분의 1미터로 작고, 핵이 없어 구조적으로 간단합니다. DNA 물질들이 세포질 내에 흩어져 있지요. 원시적인 세포핵을 가졌다고 해서 '원핵생물'입니다. 반면에 진핵생물의 세포는 10~100마이크로미터로 크고, DNA 물질이 들어 있는 염색체는 핵 속에 들어 있습니다. 색소체와 미토콘드리아도 세포질 내에 흩어져 있지요.

지구의 모든 생물은 원핵생물에서 출발하여 진핵생물로 발전했는데요. 진핵생물이 언제 어떻게 지구에 출현했는가의 문제는 고생물학자들이 풀고 싶어 하는 연구 주제입니다.

진핵생물의 출현과 관련하여 많은 지지를 받고 있는 가설은 공생설인데요. 독립적으로 살고 있던 원핵생물들이 먹고 먹히는 과정에서 서로에게 도움이 되는 공생 관계로 발전하였고, 그 과정에서 진핵생물이 탄생했다는 이론입니다.

과학자들은 어떤 원핵생물이 다른 동물성 원핵생물에게 잡아 먹혔을 경우 처음에는 쉽게 먹혔겠지만, 시간이 흐르면서 잡아먹히던 생물에 저항력이 생겨 동물성 원핵생물 내에 자리 잡고 살게 되었다고 설명합니다.

아무튼 산소 혁명을 겪으며 다양한 다세포 생물들이 살 수 있는 환경이 마련되었습니다. 생물이 탄산염, 인산염, 키틴질과 같은 딱딱한 골격을 형성하고 몸집을 키우는 성분을 만들 때 산소가 필요했거든요. 생물계가 진화하면서 남세균을 먹이로 삼는 동물들이 나타납니다.

육지를 정복한 식물

지구 탄생 이후 40억 년 동안 육지에 생물이 살았다는 기록은 없습니다. 지구에 생명이 출현한 이후 5억 년 전에 이르기까지 모든 생물은 바다에서 살았지요.

바닷물 속에서는 해조류가 자라고 있었겠지만, 육지는 풀 한 포기 없는 사막처럼 황량했습니다. 과학자들에 따라서는 곰팡이과 녹조류가 공생하고 있는 지의류地衣類, lichen 같은 생물이 바닷가 가까운 바위나 돌 위를 덮고 있었을지도 모른다고 추정합니다.

대기에 풍부해진 산소는 성층권에서 오존층을 형성하게 되고 해로운 자외선을 막아 주었습니다. 바다에서 육지로 첫발을 디딘 생물은 식물입니다. 육지에 식물이 등장하기 이전에 바다에는 다양한 조류藻類가 살고 있었지요.

육상 식물 조상의 후보로 가장 유력한 생물은 녹조식물입니다. 물속에 살던 식물이 육지에서 살려면 특별한 기관이 필요하겠지요. 대기 가운데서 버틸 수 있고, 흙 속에 있는 물과 영양분을 흡수할 수 있어야 합니다.

녹조식물은 물속에서 살아왔기에 물을 얻는 데 아무런 문제가 없었지만 육상 식물은 공기에 노출되면서 물을 얻을 수 있는 곳이 흙밖에 없었지요. 처음에는 식물체의 한 부분이 흙으로부터 물을 빨아들이다가 뿌리로 발전했습니다.

흙 속에 들어 있는 물을 흡수하는 능력이 뿌리로 갖춰졌다면, 그것을 식물의 각 부분으로 운반하는 기관이 필요했겠지요. 관다발vascular bundle이라 부르는 기관이 그것입니다. 현재 식물의 관다발에는 물과 무기질을 운반하는 물관과 광합성 산물을 운반하는 체관이 있습니다.

그런데 관다발 조직만으로 대기 중에서 쉽게 증발해 버리는 물 문제를 해결할 수는 없습니다. 식물이 육지에서 살아남으려면 물 증발을 막을 장치가 필요했는데요. 현생 육상 식물의 겉에는 각피큐티클라는 얇은 방수층이 있어 수분 증발을 막습니다. 기공이라는 작은 구멍을 통해 수분의 양을 조절하지요.

땅으로 나아간 식물은 광합성에 필요한 빛을 더 많이 받기 위해서 점점 높이 자라갔습니다. 물과 영양분을 운반하는 관다발 조직과 함께 넘어지지 않도록 버틸 기관도 장만했지요. 헛물관과 섬유입니다.

뿌리와 잎을 가지게 된 식물들은 해안으로부터 멀리 떨어진 대륙 곳곳으로 빠르게 퍼져 나갔습니다. 식물들이 흙 속에 뿌리를 내리자 대지는 초록빛으로 물들어 갔습니다.

식물이 없는 맨땅에 비가 내리면 물이 빠르게 흘러 토양을 모두 휩쓸어 갔는데요. 식물들이 땅속에 뿌리를 내려 토양을 붙잡아 주었기 때문에 비가 내려도 토양은 쓸려 내려가지 않았고 오랫동안 물을 머금을 수 있었습니다.

그 결과, 지표면에 오랫동안 물이 흐르는 강이 생겨났고 그 하구에는 퇴적물이 쌓여 갔습니다. 식물들이 땅으로 퍼져 가면서 점점 넓은

조선의 화가 강세황이 18세기에 그린 <벽오청서도碧梧淸署圖>는 선비가 벽오동나무 아래 들어선 초옥에서 더위를 식히고 있는 모습을 담았습니다. 그늘을 드리운 벽오동나무와 뒷마당의 파초, 바위와 산 모두 초록으로 물들어 있습니다. 초옥 주변에 신선한 산소가 많으리라 헤아리는 과학자들은 그만큼 그림에 더 몰입할 수 있습니다. 다만, 선비와 달리 마당을 쓸고 있는 사람의 모습은 안타깝지요. 양반 계급이 지배하던 신분제 사회의 모순을 새삼 깨달을 수 있습니다. 과학 혁명은 역사적으로 민주주의 발전에 기여했습니다.

잎을 가지게 되었고, 키가 수 미터에서 수십 미터에 이르는 커다란 나무로 성장해 갔습니다.

식물의 진화에서 잎과 뿌리의 출현 다음에 일어났던 커다란 변혁은 씨의 등장입니다. 3억 6000만 년 전에 나타났지요.

씨는 건조한 환경에서도 잘 견디기 때문에 식물이 한층 더 널리 퍼져 갈 수 있었습니다. 지구 곳곳에 울울창창한 숲이 생겨났지요. 더러는 석탄으로 남겨져 그 시기를 증언하고 있습니다.

바다에서 식물이 먼저 땅으로 올라온 뒤 동물도 뒤따랐습니다. 먼저 올라온 식물들이 동물들에게 서식지와 먹이를 제공했거든요.

무릇 식물이든 동물이든 지구의 모든 생명체는 세포로 이루어져 있습니다. 핵, 세포질, 세포막은 식물 세포와 동물 세포에 공통적인데요. 핵은 세포의 생명 활동을 조절하고, 세포막은 물질이 드나드는 것을 조절합니다. 세포질에는 세포 소기관과 여러 물질이 들어 있지요.

그런데 식물 세포에는 동물 세포에 없는 엽록체와 세포벽이 있습니다. 식물 세포에만 있는 엽록체는 초록색을 띠는 알갱이 모양으로, 주로 식물의 잎을 구성하는 세포에 들어 있습니다.

빛을 받아 광합성이 일어나는 장소가 엽록체이지요. 식물은 광합성으로 살아가는 데 필요한 양분을 스스로 만듭니다.

엽록체는 주로 잎을 구성하는 세포에 들어 있기에 식물의 잎은 광합성을 잘하려고 햇빛을 받으려 합니다. 광합성으로 만든 양분은 식물의 에너지와 생장에 쓰이고 일부는 저장도 되지요.

세포벽은 세포막 바깥쪽에 있으며 두껍고 단단해 세포 모양을 일정하게 유지합니다. 또한 식물 세포에는 주머니 모양의 액포가 발달되어 있어요. 액포에는 물, 양분, 색소, 노폐물이 들어 있습니다.

모양과 기능이 비슷한 세포가 모여 조직을 이룹니다. 여러 조직이 모여 고유한 형태와 기능을 가지는 기관을 형성하고, 다시 여러 기관이 모여 개체를 이루지요.

식물체는 조직과 기관 사이에 조직계라는 구성 단계가 있습니다. 식물의 표면을 감싸는 조직이 모여 형성된 표피 조직계, 물과 양분을 운반하는 조직이 모여 형성된 관다발 조직계, 그 밖의 부분을 이루는 조직이 모여 형성된 기본 조직계가 있습니다. 조직계가 모여 뿌리, 줄기, 잎, 꽃과 같은 기관을 이루고, 여러 기관이 모여 독립된 구조와 기능을 가지는 식물체를 이루지요.

뿌리의 형태는 식물에 따라 다르지만 끝에 생장점과 뿌리골무가 있습니다. 생장점은 세포 분열이 왕성하게 일어나 뿌리를 길게 자라게 하고, 뿌리골무는 생장점을 감싸 보호합니다.

뿌리 내부에는 흙 속에서 흡수한 물과 무기 양분이 이동하는 통로로 물관이 있지요. 뿌리 표면에는 한 개의 표피 세포가 가늘고 길게 변형된 뿌리털이 많이 나 있습니다. 그래야 흙 속의 물과 접촉하는 표면적을 넓게 하여 물을 잘 흡수할 수 있거든요. 뿌리털은 흙 알갱이 사이로 파고들어 가 흙 속의 물과 무기 양분을 흡수합니다.

줄기는 식물체에서 뿌리와 잎을 연결하는 부분입니다. 뿌리에서 흡수한 물과 무기 양분은 줄기를 통해 잎까지 이동하고, 잎에서 만들어진 양분도 줄기를 통해 식물체의 다른 부분으로 이동하지요. 뿌리에서 흡수한 물은 세포를 구성하거나 광합성에 이용되고, 무기 양분은 식물체에서 여러 가지 기능을 조절하는 데 이용됩니다.

식물의 잎을 살펴보면 잎은 대개 넓고 평평한 모양으로 초록색을 띠며, 앞면의 색깔이 뒷면의 색깔보다 더 진합니다. 잎 앞면의 초록색이 뒷면보다 진한 이유는 무엇일까요?

식물의 잎은 뿌리에서 흡수한 물을 이용하여 광합성을 비롯한 다양한 생명 활동을 하는데요. 식물의 잎을 잘라 단면을 관찰하면 표피 조직, 울타리 조직, 해면 조직, 잎맥, 기공을 볼 수 있습니다. 울타리 조직과 해면 조직의 세포는 엽록체가 있어 광합성을 합니다.

엽록체는 초록색을 띠는데, 울타리 조직은 해면 조직보다 조직을 구성하는 세포의 수가 많고, 많은 세포가 빽빽하게 배열되어 있습니다. 따라서 잎 앞면이 뒷면보다 더 진한 초록색을 띱니다.

잎맥은 잎에 있는 관다발로, 줄기에 있는 관다발과 연결되어 있습니다. 잎 뒷면 표피에는 두 개의 공변세포로 이루어진 기공이 있습니다. 기공은 이산화탄소, 산소, 수증기 등의 기체가 드나드는 통로이지요.

기공을 통해 식물체 속의 물이 수증기가 되어 나오는데, 이를 '증산 작용'이라고 합니다. 열대 우림에 가면 숲 위를 덮고 있는 작은 구름들을 볼 수 있는데요. 식물체에서 증산 작용으로 빠져나간 수증기가 모여 만든 구름입니다.

기공은 주로 낮에 열리고 밤에 닫히므로 증산 작용은 밤보다 낮에 활발하게 일어납니다. 주변 환경 조건에 영향을 받지요. 증산 작용은 햇빛이 강할 때, 온도가 높을 때, 습도가 낮을 때, 바람이 잘 불 때 활발하게 일어납니다. 뿌리에서 잎으로 올라온 물이 광합성을 비롯한 다양한 생명 활동에 쓰인 뒤 증산 작용으로 수증기가 되어 식물체 밖으로 나가는 거죠.

광합성과 숲의 탄생

광합성이 왜 중요한가를 짚어 볼까요. 모든 생물은 생명을 유지하기 위해 양분을 필요로 합니다. 사람과 동물은 음식을 섭취하여 양분을 얻지만, 식물은 다릅니다. 햇빛을 이용하여 살아가는 데 필요한 양분을 스스로 만들 수 있기 때문입니다.

식물이 빛을 이용하여 양분을 스스로 만드는 과정이 바로 광합성입니다. 이를테면 옥수수는 광합성으로 만든 양분을 이용하여 자라고 열매를 맺은 것입니다. 광합성은 이산화탄소와 물을 원료로 빛을 이용해 양분을 만듭니다. 처음 만든 양분은 포도당이지만, 대부분의 식물에서는 포도당이 곧 녹말로 바뀌고 체관을 통해 설탕으로 운반됩니다.

광합성이 일어나면 녹말이 만들어지면서 산소도 발생하지요. 광합성으로 발생한 산소는 대부분 기공을 통해 식물체 밖으로 나갑니다.

호흡은 생물이 살아가는 데 필요한 에너지를 얻는 과정으로, 모든 생물은 호흡을 해야만 생명을 유지할 수 있습니다. 식물도 생명 활동을 유지하려고 호흡하지요. 식물은 잎, 열매, 줄기, 뿌리 등 식물체 전체에서 산소를 흡수하고, 이산화탄소를 방출하는 호흡을 합니다. 광합성을 할 때와는 반대이지요.

식물은 밤이 되면 호흡만 하므로 산소를 흡수하고 이산화탄소를 방출합니다. 낮에는 광합성과 호흡이 동시에 일어납니다. 광합성 양이 호흡량보다 더 많기에 이산화탄소를 흡수하고 산소를 방출합니다.

여러 식물과 동물이 더불어 살아가는 숲은 생명의 활기가 넘칩니다. 지구의 숲은 한 해 동안 이산화탄소 4500만 톤 이상을 흡수하고 3300만 톤이 넘는 산소를 방출합니다. 공기 중의 오염 물질을 걸러내는 엄청난 공기 정화기, 바로 숲입니다.

광합성으로 식물이 스스로 성장하고 퍼져 간 결과는 놀랍습니다. 식물을 먹이로 한 초식 동물이 출현할 수 있었고, 그 초식 동물을 먹이로 한 육식 동물도 등장할 수 있게 되었지요.

인류도 그 연장선에 있음은 물론입니다. 광합성이 있기에 생물의 대향연, 큰 잔치가 비로소 벌어질 수 있었습니다. 식물은 햇빛을 받아 양분을 만들고, 동물은 식물을 섭취하며, 동식물이 죽으면 미생물에 의해 분해되면서 생물권을 이룹니다.

지구에 지층이 만들어졌던 시기부터 인류가 나타난 약 1만 년 전까지를 지질 시대라고 하는데요. 지질 시대는 크게 선캄브리아대, 고생대, 중생대, 신생대로 나눠집니다.

5억 년 전부터 시작된 고생대가 3억 년 가까이 이어지던 시기에 많은 생물들이 생겨났습니다. 삼엽충과 어류가 이때 나타났지요. 중생대는 약 2억 4500만 년 전부터 6500만 년 전까지의 시대로 기후가 따뜻했을 것으로 추정됩니다. 암모나이트, 겉씨식물, 곤충, 무엇보다 공룡이 번성했지요.

6500만 년 전, 신생대가 시작됩니다. 지질 시대 중 가장 짧지만 현재 살고 있는 생물들이 대부분 이때 태어났습니다. 공룡은 멸종하고 마침내 포유류가 번성한 시대이지요.

호기심1 광합성의 신비는 어떻게 밝혀졌을까?

광합성의 신비는 산소의 발견으로 밝혀지기 시작했습니다. 1774년 조지프 프리스틀리는 공기가 하나의 기체로 이루어지지 않다는 사실을 발견했지요. 산소는 단일 원소로 분리되고 확인된 최초의 기체입니다.

호기심 많은 그는 산소를 발견한 참에 여러 실험을 했어요. 큰 유리병에 양초를 집어넣은 뒤 산소가 다 소모되어 불꽃이 사라질 때까지 타도록 했습니다. 이어 공기가 병에 들어가지 못하도록 한 다음 물이 든 잔에 식물민트의 잔가지를 띄워 병 속에 넣었지요. 산소가 없어 민트가 죽을 것이라고 예상했지만 계속 살아 있었습니다. 두 달 뒤 생쥐 한 마리를 넣었는데도 생쥐가 죽지 않았습니다. 그 실험은 많은 과학자들의 궁금증을 자아냈습니다.

1777년부터 앙투안 라부아지에는 500여 차례 실험 끝에 식물이 만들어 내는 기체가 산소임을 입증했습니다. 식물을 밀봉한 방에 가두고 물에 잠기도록 했지요. 물속에서 식물이 만들어 낸 기체가 작은 공기 방울을 형성했습니다. 공기 방울들 모아 그 기체가 불꽃을 더 태우는지 죽이는지 실험했지요. 마침내 인간은 산소를 마시고 이산화탄소를 내뱉는 반면에 식물은 그 반대임을 알아냈습니다.

식물은 햇빛을 받고 인간이 내뱉은 이산화탄소를 흡수해서 인간이 숨 쉬는 데 필요한 산소를 방출하지요. 밤에는 산소 방울이 만들어지지 않고, 어두운 곳에 남겨 둔 식물은 불꽃을 죽이는 기체를 방출한다는 사실도 알아냈습니다.

과학자들은 그 실험을 계기로 더 나아가 식물의 성장이 해로부터 오는 것임을 증명했습니다. 식물이 이산화탄소로부터 탄소를 얻어 새로운 구성 물질로 바꾼 뒤 잎이나 줄기의 새 부분을 만들어 내지요. 광합성photosynthesis이란 말은 그 몇 년 뒤에 만들어졌습니다. 그리스어 '빛으로 한곳에 모은다'는 뜻에서 따왔고, 한자어의 의미도 같습니다.

식물이 햇빛을 통해 공기 중의 이산화탄소로 유기물을 합성할 수 있으므로 비로소 지구는 초록색 행성이 될 수 있었습니다. 식물은 인간 없이 살 수 있고 실제로 그랬지만, 인간은 식물 없이 살 수 없습니다. 식물 앞에 우리 모두가 고마워해야 할 이유이지요.

호기심2 모든 생물은 탄소 화합물의 형제

식물은 스스로 탄소 화합물을 합성합니다. 초식 동물은 식물을 먹고, 육식 동물은 초식 동물을 먹고, 사람은 식물과 동물을 먹어 탄소 화합물을 얻지요. 음식물 속의 탄소 화합물은 몸속에서 작은 단위로 분해된 후 흡수됩니다. 이어 화학 반응을 통해 더 복잡한 탄소 화합물로 합성되거나 단순한 물질로 분해되지요. 몸을 구성하거나 에너지원으로 사용되는 것입니다.

그러니까 썩은 나뭇잎에 붙어사는 끈적끈적한 균에서 날쌘 호랑이에 이르기까지 지구에 살고 있는 갖가지 생물은 모두 탄소 화합물의 형제인 셈입니다.

탄소는 보물입니다. 실제로 다이아몬드가 탄소로 되어 있답니다. 생명체에게 탄소는 다이아몬드보다 훨씬 더 값진 '보석'이지요. 탄소는 다른 원소에 비해 팔사슬이 제일 많거든요. 무려 네 개입니다. 다른 원자와 결합할 수 있는 전자가 가장 많은 원소이기에 다양한 화합물을 만들 수 있어 생명체를 이루는 데 탁월한 물질입니다.

섬세하고 복잡한 생명 활동의 화학 반응이 일어나려면 꼭 필요한 원소가 탄소입니다. 지구에 사는 미생물, 식물, 동물 등의 생명체는 탄소로 이루어진 탄소 화합물이지요. 우리 몸에 있는 단백질, 지방, 탄수화물, 비타민, DNA가 두루 탄소 화합물이거든요. 석탄과 석유도 생물체가 오랜 지질층에서 탄화된 탄소 화합물입니다.

인류는 탄소의 '화합 성질'을 이용해 인공 화합물을 만들기도 했습니다. 우리가 흔히 사용하는 플라스틱, 합성섬유 등은 합성 고분자 탄소 화합물입니다. 현재 탄소 화합물은 500만 종 이상이며 꿈의 소재로 불리는 탄소나노튜브는 머리카락의 10만 분의 1의 굵기로 가볍지만 탄소 간의 강력한 결합으로 강철보다 강합니다. '입는 컴퓨터'의 차세대 소재로 알려진 그래핀의 원료도 탄소 분자로 이루어진 흑연이지요.

탄소와 같이 다른 원자와 결합할 수 있는 전자를 네 개 가진 규소는 탄소보다 다양한 화합물을 만들지 못하지만 지각을 구성하는 암석의 재료로 쓰였습니다. 과학자들은 만약 외계에 우주 생물이 존재한다면 탄소 생명체이거나 규소 생명체일 거라고 추측합니다.

호기심3 꿀벌이나 지렁이가 인류의 운명을 좌우한다?

생물권에서 식물이 얼마나 중요한가는 우리가 하찮게 보는 지렁이나 성가시게 여기는 벌이 인류의 운명을 좌우한다는 과학자들의 주장에서도 확인할 수 있습니다.

가령 유엔은 2010년 뜬금없이 꿀벌에 경각심을 가져야 한다는 보고서를 발표했는데요. 미국과 유럽에서 벌들이 줄어들고 있어서입니다. 아직도 정확한 원인은 밝혀지지 않았지만 우려하는 목소리는 여전합니다.

언뜻 꿀벌이 줄어드는 일에 유엔까지 나서느냐 싶겠지만 벌이 사라지면 식물에 결정적 타격을 줍니다. 벌은 꿀을 찾기 위해 하루 40~50회 비행을 하는데요. 꿀 1킬로그램을 얻으려고 지구 한 바퀴 거리에 해당하는 4만 킬로미터를 이동한다고 합니다. 벌의 몸에 묻는 화분이 식물의 교배를 돕고 과실을 맺게 하죠.

온 세계에서 생산하는 농작물도 벌 의존도가 높습니다. 유엔 식량

농업기구FAO에 따르면 100대 농산물 생산량의 꿀벌 기여도는 71퍼센트에 이릅니다. 꿀벌이 없다면 100대 농산물의 생산량이 현재의 29퍼센트 수준으로 줄어든다는 뜻인데요. 인류에게 재앙이 되겠지요.

지렁이는 눈이 없고 곳곳에서 짓밟히지요. 오죽하면 "지렁이도 밟으면 꿈틀한다"는 속담까지 생겼겠어요. 축축한 땅에서 흙 속의 양분을 먹고 사는데요. 전 세계에 3100종이 알려져 있습니다. 그런데 과학자들은 지렁이에 "자연의 쟁기"나 "지구의 창자"라는 별명을 붙여 주었습니다. 지렁이는 잡식성으로 흙 속의 세균이나 미생물, 식물체의 부스러기와 동물의 배설물을 먹거든요. 온갖 유기물들이 지렁이 창자를 지나면서 흙과 함께 소화되어 배설됩니다. 지렁이가 많은 땅은 거무튀튀해서 비옥해집니다. 흙 속에 공기를 소통시키며, 배수를 촉진하고, 유기 물질을 빠르게 분해해 영양이 풍부한 물질을 식물에게 제공하니까요.

과학자들은 지렁이가 없다면 흙이 오염되고 식물들의 성장이 크게 줄어든다고 이야기합니다. 더구나 지렁이는 지구의 생태계에서 피식자, 그러니까 먹이가 됨으로써 긴요한 몫을 다합니다. 두더지, 고슴도치, 새들을 비롯해 수많은 동물들의 먹이가 되니까요. 살아서는 식물을 성장케 하고 죽음으로써 동물을 성장케 하는 지렁이는 참 아름다운 생물이지요.

3부
사람

7장

인류 출현의 긴 여정

새의 앞다리, 고래의 뒷다리

지구 최초의 생명체가 미생물로 나타난 이후 오랜 시간이 지나는 동안 생물의 모습은 쉼 없이 변해 왔습니다. 새로운 생물이 나타나기도 하고, 멸종도 하며 마침내 인류가 출현했습니다.

우리 인류가 탄생하기까지 생물은 기나긴 여정을 거쳤습니다. 여행의 과정이나 일정을 여정이라고 하지요. 여행길인 셈입니다.

21세기 현재 지구에는 1000만여 종의 생물이 살고 있는 것으로 추정됩니다. 우주와 지구, 하늘과 땅에서 일궈낸 생물들의 대향연,

큰 잔치가 펼쳐졌다고 할 수 있지요. 1000만여 종 가운데 인간에게 알려진 생물은 200만 종입니다.

생물이 오랜 시간을 거쳐 변하는 과정을 진화라고 합니다. 오랜 시간 서서히 일어나기 때문에 그 누구도 진화 과정을 직접 관찰할 수는 없지요. 하지만 과거에 살았던 생물의 흔적을 조사하거나, 현재 살고 있는 생물 사이의 관계를 조사하면 얼마든지 과학적 증거를 찾을 수 있습니다.

진화의 증거로 먼저 화석이 있습니다. 고래의 조상으로 추정되는 생물 화석에서 오늘날의 고래와 달리 온전한 뒷다리를 볼 수 있는데요. 이는 고래가 육상 생활을 하던 조상으로부터 진화했음을 의미합니다.

현생 생물의 몸 구조가 진화의 또 다른 증거입니다. 이를테면 사람의 팔과 박쥐의 날개는 겉모양과 기능은 다르지만 뼈의 기본 구조가 같습니다. 척추동물의 앞다리가 본디 동일한 기관에서 진화했기 때문이지요. 겉모양과 기능은 다르지만 발생 기원과 기본 구조가 같아 상동 기관이라 합니다.

반대로 발생 기원은 다르지만 겉모양과 기능이 비슷한 것을 상사 기관이라 합니다. 가령 새의 날개는 앞다리가 변한 것이고, 곤충의 날개는 몸의 표피가 변한 것인데 같은 환경에 적응하면서 겉모양과 기능이 비슷한 모습으로 진화한 것이지요.

사람의 꼬리뼈나 귀를 움직이는 근육처럼 과거에는 기능이 있었으나 오늘날에는 퇴화하여 흔적만 남은 기관도 있습니다. 상동, 상사, 흔적 기관은 생물이 환경에 적응하여 진화하면서 변하였다는 증거가 됩니다.

특정 지역의 생물 분포를 조사하여도 생물이 진화한다는 증거를 찾을 수 있습니다. 높은 산줄기, 깊은 강, 넓은 바다 등은 생물의 이동을 방해하기 때문에 그것을 경계로 생물 분포가 달라질 수 있습니다. 오스트레일리아에서만 발견되는 캥거루가 그런 보기이지요. 생물이 지리적으로 격리되면 각각의 환경에 적응하느라 다른 지역의 생물들과 다른 방향으로 진화한다는 사실을 보여 주는 '증거'입니다.

최근에는 유전자에 관한 학문이 발전함에 따라 유전자 분석으로 진화의 증거를 찾는 연구가 활발합니다. 두 생물의 유전자 구성이 비슷하다면 공통의 조상으로부터 진화했다고 판단할 수 있으니까요.

공룡이 지구를 지배한 1억 5000만 년

오랜 시간이 지나는 동안 지구 환경은 계속 변해 왔습니다. 진화 과정을 거쳐 현재 지구에는 다양한 생물이 살고 있지요. 진화가 일어나는 원리는 어떻게 설명할 수 있을까요?

1809년 과학자 라마르크는 생물이 자주 사용하는 기관이 발달하여 다음 세대에 전해진다는 용불용설을 주장했습니다. 그는 기린이

나무의 높은 곳에 달린 잎을 먹기 위해 목을 길게 뻗어 오늘날과 같이 길어진 것이라고 주장했지요.

요즘도 용불용설을 과학적 진리로 여기는 사람들이 종종 있더군요. 하지만 후천적으로 얻은 형질은 자손에게 유전되지 않는다는 사실이 밝혀져 라마르크의 용불용설은 과학계에서 인정받지 못하고 있습니다.

생물이 진화하는 원리에 대해 과학적 설명을 체계적으로 제시한 사람은 찰스 다윈입니다. 1859년 다윈은 생물이 진화하는 원리로 자연 선택설을 내놓았는데요.

자연 선택설에 따르면 생물은 가능한 많은 자손을 만들고, 개체 사이에는 형질에 차이가 나타납니다. 개체의 수가 증가하면 최선을 다해 살아남으려 하고, 그 결과로 생존에 유리한 형질을 가진 개체들이 살아남아 자손을 더 많이 남깁니다.

따라서 자손은 조상에 견주어 환경 적응에 더 유리한 형질을 갖는다는 거지요. 다윈은 자연 선택을 통해 생물의 진화가 일어난다고 결론 내렸습니다.

그러나 당시엔 유전에 관한 과학적 지식이 전혀 없었기에 개체 사이에 형질 차이가 나타나는 이유를 다윈이 과학적으로 설명할 수는 없었지요. 다윈이 자연 선택설을 내놓은 이후에 여러 과학자들이 생물의 진화를 설명하기 위해 다양한 이론을 제시했습니다. 대표적인 학설이 돌연변이설과 격리설이지요.

돌연변이설은 조상에게는 없던 새 형질이 갑작스레 출현하는 돌연변이를 진화의 요인으로 보는 이론입니다. 환경에 유리한 형질을 지닌 개체가 자연 선택되어 살아남았고, 그 형질을 가진 개체의 수가 늘어났다고 풀이합니다.

돌연변이는 염색체나 유전자에 예기치 않은 변화가 일어나는 현상입니다. 용불용설과 달리 형질이 자손에게 유전될 수 있지요.

격리설은 바다나 강, 산맥 등의 지리적 장벽으로 격리가 일어나 서로 다른 생물로 진화했다는 이론입니다. 지리적 장벽 못지않게 생식 시기의 차이, 성적 본능의 변화가 종의 분기에 큰 원인이 된다는 생식적 격리를 주장하는 과학자도 있습니다.

오늘날에는 유전학 지식을 기초로 자연 선택설, 돌연변이설, 격리설을 종합해 진화를 설명합니다. 오랜 시간이 흐르는 동안 생물은 모습이 변하거나 새로운 생물이 나타나는 진화 과정을 거쳤습니다. 한 종이었던 생물이 지리적 격리 속에 각각 돌연변이가 일어나 다양한 형질이 나타난 것이지요. 이들 중 생존에 유리한 개체가 자연 선택되어 서로 다른 종이 됩니다. 그 진화의 과정을 거치면서 현재의 다양한 생물이 나타나게 되었지요.

그럼 현대 진화론은 기린을 어떻게 설명할까요. 본디 기린의 목 길이는 다양했다고 하죠. 생존에 불리한 목 짧은 기린보다 목이 긴 기린이 자손을 남기는 과정이 반복되어 모든 기린 목이 지금처럼 길어졌다고 풀이합니다.

다양한 생물을 분류할 때 가장 기본이 되는 단위가 종입니다. 여기서 종은 '서로 교배하여 생식 능력이 있는 자손을 낳을 수 있는 무리'를 뜻합니다. 겉모습으로 종을 판단할 수 없다는 뜻이지요.

가령 말과 당나귀는 생김새가 비슷하지만 서로 다른 종입니다. 말과 당나귀는 교배하여 자손을 낳을 수는 있지요. 하지만 그 자손인 노새는 영리하고 힘도 세지만 생식 능력이 없습니다. 나중에 자세히 살펴보겠지만 생식 세포를 만들어야 하는데 양친의 종이 다르면 염색체가 달라 접합이 이루어지지 않거든요.

각각의 종은 서로 다른 특징을 지니는데요. 비슷한 특징을 지닌 종들을 묶어 속으로 분류하고, 비슷한 속을 묶어 과로 분류합니다. 생물을 가장 작은 범주인 종에서부터 점차 큰 범주로 묶은 것을 분류 단계라고 하지요. 종 → 속 → 과 → 목 → 강 → 문 → 계의 순서로 이루어집니다.

분류를 통해 알아낸 생물 사이의 관계를 나무 모양의 그림으로 표현한 것을 계통수라고 합니다. 계통수를 들여다보면 생물 사이의 관계를 한눈에 파악할 수 있지요. 이를테면 사자가 곰보다 고양이와 더 가까운 관계임을 금세 알게 됩니다.

계와 같이 큰 범주를 정하고 문, 강, 목, 과, 속, 종의 작은 단위로 좁혀 가면 생물 분류가 쉽습니다. 고양이를 분류해 볼까요. 동물계, 척삭동물문, 포유강, 식육목, 고양잇과, 고양이속, 고양이종입니다.

현재까지 과학자들이 이름 붙인 생물은 200만 종 안팎입니다. 독자들이 알고 있는 생물의 종류와 비교해보세요. 200만 종만으로도 엄청나지만 현재 지구상의 전체 생물을 1000만 종으로 추산하는 까닭은 아직까지 제대로 연구된 적 없는 열대 우림, 깊은 바다, 땅속에서 새로운 생물이 곰비임비 발견되고 있어서입니다.

생물 다양성이 파괴되어 종의 수가 줄어들면 생태계의 균형이 깨지겠지요. 결국 그 일부인 인간도 피해를 봅니다.

생물 다양성을 보존하는 일은 소중한 자원을 보존한다는 의미도 있지요. 세계 각국은 생물 다양성 보존을 넘어 생물 자원을 확보하려는 경쟁에 나서고 있습니다.

생물의 큰 잔치, 그 풍부한 역사에 등장한 수많은 동물 가운데 가장 많은 사람의 눈길을 끄는 생물은 무엇일까요. 사람마다 다르겠지만 아무래도 공룡이 가장 많이 꼽힐 듯합니다.

공룡이 6500만 년 전 지구의 소행성 충돌로 멸종했다는 것은 널리 알려진 이야기인데요. 공룡이 지구를 지배하던 시기가 1억 5000만 년이라는 사실은 새삼 많은 것을 짚어 보게 합니다.

인류의 역사는 아무리 늘려 잡아야 600만 년 정도이고 실제 기록된 역사만 따진다면 3000년 수준이거든요. 그런데 공룡이 지구를 1억 5000만 년 내내 지배했다면 실로 엄청난 시간대이지요. 물론, 그 시기에 인류는 없었습니다.

공룡이 살아 움직이는 모습을 본 인간은 아무도 없지만 실제 마주쳤다면 경탄마저 느끼지 않을까요? 가령 동아프리카와 북아메리카

서부에서 서식한 초식성 공룡인 브라키오사우루스의 몸길이는 25미터, 몸무게 50톤, 목 길이 16미터에 이르거든요. 아프리카 탄자니아에서 거의 완전한 골격이 발견되어 현재 독일 자연사박물관에 소장되어 있습니다. 기린같이 긴 목과, 납작한 입, 눈앞에 크게 부풀려진 콧구멍이 인상적이지요. 25미터 크기의 동물이 16미터의 목을 움직이며 대지를 걷는 모습을 상상해보세요. 장관이지 않을까요?

물론, 공룡들을 보며 경탄만 할 수는 없겠지요. 초식 공룡만 있지 않았으니까요. 대표적 육식 공룡 티라노사우루스는 두꺼운 이빨로 무장했는데요. 티라노사우루스가 턱으로 무는 힘은 1.3톤에 이릅니다. 갑자기 온몸이 으스스해지죠? 몸길이 10~14미터, 몸무게는 무려 4.5~7톤입니다.

티라노사우루스의 가장 인상적 특징은 1.5미터에 이르는 거대한 머리와 극도로 짧은 팔입니다. 60개 안팎인 이빨 하나하나는 두껍고 억셌지요. 가장 큰 이빨은 뿌리까지 길이가 30센티미터에 달했습니다. 강력한 이빨은 턱을 주요 사냥 무기로 발달시킨 결과이겠지요. 상체에 쏠리는 무게 중심을 극복하려고 팔은 짧게 퇴화했다고 보는 과학자도 있습니다.

크고 강력한 이빨은 사냥뿐 아니라 동족 간의 경쟁에서도 유용한 무기였지요. 오늘날 발견되는 티라노사우루스의 뼈에 남은 상흔들은 치열했던 생존 경쟁을 말해 주는 중요한 단서가 되었습니다. 타르보사우루스는 아시아에 서식했던 육식 공룡으로 화석이 몽골 고비

사막에서 발견되었지요.

그런데 그 우람한 공룡은 6500만 년 전에 홀연히 지구상에서 자취를 감추었습니다. 중생대에서 신생대로 넘어가는 시기에 공룡이 멸종했을 때, 바다에 살아 있던 생물종의 60~75퍼센트도 사라졌지요.

대규모 멸종 현상에 대해 여러 설명들이 있었으나 오늘날 과학자들이 가장 많이 인정하고 있는 주장은 소행성의 충돌입니다. 지구로 소행성이 날아와 충돌하면서 엄청난 먼지를 일으키고 해를 가립니다. 이로 인해 지구의 기온이 급격히 내려감으로써 추워진 기온에 적응하지 못하고 얼어 죽거나 굶어죽었다는 설명입니다. 1억 5000만 년 가까이 지구를 지배해 온 생물이 단 한순간에 사라진 셈이지요. 지구계에서 외권이 얼마나 중요한가를 생생하게 증언해 주는 보기입니다.

공룡의 1억 5000만 년 지배가 종말을 고한 사건은 그들에겐 비극이었으나 포유류에겐 정반대였지요. 새로운 지평을 열어 주었기 때문입니다.

공룡이 살아 있을 시기에 포유류는 겨우 곤충을 잡아먹던 식충류였지요. 파충류의 한 갈래에서 나와 끊임없이 진화했지만, 몸집을 크게 키우지도 다양화도 못한 상황이었습니다.

공룡이 멸종할 때 45킬로그램이 넘는 모든 동물이 전멸했으니 그 이하의 동물들에겐 새로운 기회였지요. 작은 포유류들이 그 기회를 거머쥔 셈입니다.

신사임당의 16세기 작품 <수박과 들쥐>는 작은 포유류인 들쥐가 수박밭에 몰려와 수박을 파먹는 모습을 포착했습니다. 패랭이꽃과 나비도 보입니다. 수박을 전면에 내세우면서 꽃과 곤충, 포유류까지 잔잔하게 표현하면서도 먹이 관계까지 담아냈습니다. 기나긴 진화의 여정을 거쳐 온 생명들이지요. 조선의 옛 그림에서 쥐는 다산이기에 재물을 상징합니다. 과학으로 보면 공룡 시대가 종언한 뒤 쥐처럼 작은 포유류가 지구에 새로운 시대를 열었습니다.

공룡의 대멸종 이후 단 800만 년의 짧은 기간 동안, 15종류의 고대 포유류를 포함해 지금까지 살아 있는 모든 현생 포유류가 빠르게 출현했을 뿐만 아니라 폭발적으로 지구 곳곳으로 퍼져 나갔습니다. 새끼를 낳아 젖을 먹여 키우는 젖먹이 동물이라는 말뜻 그대로 포유류는 파충류와 달리 가장 위험한 유년기에 어미의 보살핌으로 생존율을 높일 수 있었고 상대적으로 뇌가 발달해 협동을 했기 때문입니다. 협동이 경쟁 못지않게, 아니 더 중요한 이유를 새삼 깨달을 수 있지요.

태양계의 기적, 인류

포유류는 현재 5500여 종이 살고 있습니다. 포유류로서 공통점들이 있지요. 거의 모든 포유류의 목뼈는 일곱 개입니다. 목이 가장 긴 기린도, 목이 짧은 사람도 목뼈의 수는 같습니다. 목뼈 낱개의 길이가 달라서 목 길이가 서로 다를 뿐이지요.

암컷이 일정 기간 동안 몸속에서 새끼를 자라게 한 뒤에 낳고, 새끼가 태어나면 젖을 먹여 키웁니다. 몸 전체가 털로 덮여 있지요.

포유류가 진화하면서 700만 년 전에 한 조상으로부터 침팬지와 인간이 분화되어 나갔습니다. 침팬지와 인간의 유전자 염기 서열 차이는 1퍼센트 이하로 미미하지요.

침팬지와 인류의 공통 조상이던 초기 영장류는 눈이 얼굴 앞쪽에 위치해 입체적인 시각을 가졌을 것으로 추정합니다. 엄지손가락이 나머지 손가락들과 반대 방향으로 마주 보고 있어 물건을 감싸 쥘 수 있었지요.

인류의 조상은 그에 더해 직립 보행이라는 혁명적인 보행 자세를 습득했습니다. 골반과 다리 구조를 그에 적합토록 변형하면서 나무에서 내려와 초원에서 몸을 일으켜 세울 수 있었지요.

과학자들은 지능 발달을 인간 진화의 결정적 요인으로 설명해 왔습니다. 하지만 더 중요한 것은 두뇌 발달이 어떻게 가능했느냐가 아닐까요. 인류가 직립해 두 발로 보행함으로써 자유로워진 손을 적극 활용하고, 육식으로 단백질 섭취를 늘리면서 두뇌가 커지며 발달했다고 보아야겠지요.

호모사피엔스 사피엔스Homo sapiens sapiens라고 불리는 현생 인류는 4만 년 전 지구에 등장했습니다. 학명은 문자 그대로 '슬기 슬기 사람'입니다.

당대의 여느 동물과 달리 현생 인류는 돌을 다루는 기술이 뛰어나 여러 석기를 정교하게 만들어 사용할 만큼 슬기로웠습니다. 짐승의 뼈나 뿔, 코끼리의 상아를 가지고 도구를 만들어 사용했지요. 유적지에서 뼈바늘과 함께 이런저런 장신구가 발견되고 있어 추정컨대 옷을 만들어 입고 몸을 꾸미는 데 관심을 기울인 것으로 보입니다. 예술품을 만들어 자신의 감정을 표현한 거지요.

조선시대 민화 <까치호랑이>입니다. 민화는 전통 시대에 민중이 그린 그림으로 외국 문화의 영향을 덜 받아 가장 한국적인 그림이라는 평가도 있습니다. 최강의 포식 동물까지 따뜻한 눈길로 바라본 우리 선인들의 슬기가 느껴옵니다. 심지어 호랑이가 까치 눈치를 살피는 듯하죠? 미술 사학자 존 카터 코벨은 "무시무시한 맹수에 대한 존경심을 뒤집어 우스운 호랑이로 표현한 능력이야말로 한국 미술사의 한 정점을 이루는 것"이라고 극찬했습니다. 과학은 인류가 동물의 하나임을 명쾌하게 설명해 줍니다.

우주 빅뱅 뒤 인류가 출현하기까지의 역사는 〈표1〉과 같습니다. 표에서 볼 수 있듯이 인류의 출현은 지극히 최근의 사건입니다.

이해하기 쉽게 지구의 역사가 하루라고 가정해 볼까요. 지구가 탄생한 시각을 0시라고 가정하면, 최초의 생물은 새벽 4시쯤 바다에서 태어났습니다. 하루가 다 지나갈 무렵인 저녁 9시 59분이 되어서야 육상 식물이 등장하지요. 이어 10시쯤에 육상 동물이 등장합니다. 공룡은 밤 11시쯤 어슬렁거리며 등장합니다. 그들이 멸종하고 최초의 인류가 등장한 것은 밤 11시 58분 43초입니다.

독자들 가운데는 공룡들의 거대한 외형과 그 장구한 전성시대에 포유류의 조상이 작은 설치류였다는 사실, 지구의 역사에서 인류의 역사가 짧은 순간이라는 사실에 자괴감을 느꼈을 법합니다.

하지만 공룡의 거대한 몸집 때문에 속단할 필요는 없습니다. 포유류의 위엄을 보여 주는 대왕고래가 있으니까요. 고래는 태어날 때는 털이 있지만 자라면서 점점 털이 없어지는 포유류이지요. 대왕고래는 지금까지 지구에 살았던 동물 가운데 가장 큽니다. 최대 몸길이 33미터, 몸무게 180톤의 거물이지요. 영어 이름 블루 러퀄Blue Rorqual 처럼 온몸이 청회색입니다.

대왕고래의 거대함이 수치로 잘 상상이 되지 않는다면, 그 혀의 무게가 코끼리 몸무게보다 무겁다는 사실에 주목하면 되겠지요. 대왕고래의 혈관 속으로 사람이 수영할 수도 있습니다. 위턱의 양쪽에 400개의 부드러운 고래수염이 있지요.

〈표1〉 우주 빅뱅 이후 인류 출현까지 기나긴 여정

시간	사건
138억 년 전	빅뱅
46억 년 전	지구 탄생
37억 년 전	최초의 생명 출현
12억 년 전	유성 생식 진화
5억 년 전	최초의 척추동물
3억 6500만 년 전	물고기가 진화해 땅 위를 걸어 다님
2억 800~6500만 년 전	대형 공룡 번성
1억 4000만 년 전	유태반 포유류 진화
8500만 년 전	최초의 영장류 진화
6500만 년 전	공룡 멸종, 포유류의 크기와 다양성 증가
3500만 년 전	최초의 유인원 진화
800만~600만 년 전	인류와 아프리카 유인원의 공통 조상 진화
440만 년 전	두 발 보행을 한 최초의 영장류 진화
260만 년 전	돌로 만든 도구 출현, 인간의 뇌 원숭이 2배로 확장
200만~150만 년 전	인간 최초의 말言
150만 년 전	아프리카에서 불의 흔적 발견
20만~3만 년 전	네안데르탈인이 유럽과 서아시아에서 번성함
15만~12만 년 전	모든 현생 인류의 공통 조상 아프리카에서 진화
3만 년 전	네안데르탈인 멸종
2만 7000년 전~현재	호모사피엔스가 지구 전체로 퍼져 가 정착함

*출처: 『인류 진화의 역사』(로빈 매키, 2005)에 수록된 표를 토대로 저자가 재구성한 것임

흥미롭게도 대왕고래의 몸집은 꾸준히 커 왔습니다. 대략 5000만 년 전부터 존재한 대왕고래는 처음에는 몸집이 작았습니다. 화석이 입증해 주지요. 그러다가 300만 년 전부터 몸집이 커져 왔습니다. 기후 변화로 바다에 대왕고래가 좋아하는 크릴새우를 비롯한 작은 갑각류들이 늘어났기 때문으로 분석합니다. 결국 가장 큰 공룡보다도 더 거대하게 진화한 셈입니다.

하지만 공룡의 크기를 능가하는 대왕고래의 진화보다 더 특별한 것은 사람의 출현입니다. 공룡과는 비교할 수 없을 만큼 작지만 그 작은 몸에는 다른 동물과 전혀 달리 하늘과 땅의 진실을 탐구하는 의식을 담고 있으니까요. 그 점에서 인류는 지구계, 더 나아가 태양계의 기적입니다.

호기심1 공룡 멸종시킨 소행성 충돌, 다시 벌어질까?

혜성이나 소행성이 지구와 충돌하는 상상은 1877년 프랑스의 소설가 쥘 베른Jules Verne 1828~1905이 쓴 공상 과학 소설 『혜성에서』Off on a Comet에 처음 펼쳐졌습니다. 그 뒤 사람들의 호기심이 높아가자 소설이나 영화가 끊임없이 만들어져 왔지요. 비단 소설이나 영화에 그치지 않고 더러 큰 운석이 실제로 떨어져 사람이 다치고 건물이 파손되는 사례가 적지 않아 더 그랬습니다.

그렇다면 소행성이 지구와 충돌할 가능성은 정말 얼마나 될까요? 과학자들은 지구가 만들어진 초기에는 다른 천체가 지구와 충돌한 경우가 많았다고 봅니다. 그중 큰 사건이 아주 크게 파인 태평양 자리이지요, 천체가 충돌할 때 튕겨나간 것이 달이라는 학설까지 나왔는데요. 또 다른 큰 사건은 6500만 년 전의 혜성 충돌을 꼽습니다. 그 충돌로 지구상의 공룡을 비롯해 많은 생명체들이 대규모로 멸종했지요.

옛날이야기만은 아닙니다. 20세기 이후에도 기억해 둘 만한 충돌이 두 건 있었습니다. 1908년에 러시아 시베리아 중심부인 퉁구스카에서 일어났는데요. 당시에는 과학적 조사가 잘 이루어지지 않았으나, 훗날 이곳에서 일어난 사건을 연구한 논문이 1000여 편 나왔습니다. 최근 러시아의 국립과학아카데미가 발표한 보고서에 따르면, 떨어진 소행성의 충격파 때문에 나무 8000만 그루에 해당하는 숲이 한순간에 파괴

되었답니다. 그 힘은 히로시마 원자탄의 1000배로 추산됩니다.

두 번째 큰 운석 충돌 사건이 2013년 러시아의 우랄 지역 첼랴빈스크에서 발생했습니다. 직접 관측된 이때의 운석은 1500여 명의 부상자를 내고 건물 수천 동을 파괴하여, 며칠 동안 세계의 뉴스가 되었지요. 이 운석은 초속 20킬로미터음속의 60배의 속도로 달려와 지상에 충돌하기 전에 29.7킬로미터 상공에서 대폭발을 일으키며 수많은 파편을 지상에 뿌렸습니다. 당시 발생한 거대한 섬광은 100킬로미터 밖에서 해보다 더 밝게 보였습니다. 이 운석 충돌의 에너지는 히로시마 원자탄 20~30배였습니다.

1998년에는 'QE2'라는 소행성이 지구 가까이 접근한다는 뉴스가 사람들의 관심을 끌었는데요. 다행히 지구와 달 사이의 거리보다 15배 더 먼 곳을 지나쳐 갔습니다.

외계 천체가 지구와 충돌할 가능성에 확실한 답은 아무도 낼 수 없겠지요. 하지만 과학자들은 통계적으로 연구한 결과 의미 있는 수치를 발표했습니다. 직경 4미터 정도의 운석이 떨어질 확률은 1년에 1회, 7미터 직경은 5년에 1회입니다. 7미터 직경의 운석이 대기층에 돌입할 때 히로시마 원자탄 1개의 위력을 갖지요. 러시아 퉁구스카에 떨어진 직경 50미터 운석이라면 1000년에 1회 낙하할 가능성이 있습니다. 큰 천체일수록 충돌할 가능성은 낮아집니다. 참고로 2009년에 소행성이 목성과 충돌할 때 직경 8000킬로미터 태평양 면적 정도의 운석공운석 구덩이을 남겼습니다.

2012년 12월에는 직경 36미터의 소행성이 달보다도 가까운 거리에서 지구를 스쳐 지나갔지요. 해 주위를 4년 주기로 돌고 있는 소행성 '4179 토타티스'도 700만 킬로미터 떨어진 거리에서 지구를 지나갔습니다. 길이 5킬로미터의 거대한 이 소행성이 만일 지구와 충돌했다면, 어떻게 되었을까요. 인류가 멸망했으리라고 과학자들은 단언합니다.

호기심2 해가 식어도 살아남을 지구 최강의 동물은?

생존 능력이 지구에서 가장 강력한 동물, 누구일까요? 생물 시간에 그 말을 물어보면 대부분 맹수 가운데 하나를 꼽습니다. 이해할 수 있지요.

하지만 그 물음에 과학의 답은 사뭇 다릅니다. 맹수와는 정반대라 할 수 있을 '완보동물'입니다. 완보동물의 학명인 'Tardigrada'는 '느린 걸음의'라는 뜻의 라틴어 'tardigradus'에서 비롯되었습니다. 나무늘보와 비슷한 이미지가 떠오르죠? 하지만 전혀 아닙니다.

몸길이 0.1~1밀리미터 정도의 아주 작은 무척추동물입니다. 우리 눈으로는 거의 보이지 않는 크기이지요. 하지만 발톱 달린 다리로 걷는 모습이 곰의 움직임과 비슷하다 하여 '물곰'이라 불릴 정도로 형태가 또렷합니다.

몸 표면은 각피로 덮여 있으며 주기적으로 탈피하지요. 머리와 네 개의 몸마디로 되어 있습니다. 몸이 짧고 뭉툭하며 원통형이고 몸마디의 배 쪽에 사마귀 모양인 네 쌍의 다리가 있는데 그 끝에 4~8개의 발톱이 달려 있습니다. 소화관이 발달하였으며, 생식기·배설기·신경계가 있습니다.

완보동물—과학계 언어를 존중해 완보동물이라 씁니다만 우리말로 느린 동물이라 옮겨도 좋을 걸 그랬지요—은 꽁꽁 얼려도, 펄펄 끓여도 죽지 않습니다. 심지어 생물에게 치명적인 농도의 1000배에 달하는 방사성 물질에 노출되어도 살았지요.

음식이나 물 없이도 최장 30년 동안 살 수 있고, 섭씨 영하 272도, 영상 150도의 극저·고온도 견뎌 내지요. 지구 표면보다 1000배나 높은 기압 조건에서도, 우주와 같은 진공 상태에서도 실험 결과 살아남았습니다.

현미경으로 들여다봐야 할 정도의 미물이지만 바다 밑바닥이나 이끼류에 서식하며 수명도 60년 이상이나 됩니다. 기후가 건조한 기간에 이끼류가 마르면 여기에 살던 완보동물들은 다리를 끌어넣고 수축, 가사 상태로 들어갔다가 수분이 있게 되면 다시 살아나 움직입니다. 7년 동안이나 가사 상태로 있다가 소생한 사례도 학계에 보고되어 있습니다. 세계적으로 약 400여 종 이상이 알려져 있으며 지구촌 곳곳으로 퍼져 개체 수는 인류의 10억 배에 이릅니다.

과학자들은 완보동물 연구가 생명체 탐사의 범위를 넓혀 주는 의미가 있다고 말합니다. 인류가 지구 밖 생명체 탐사에 나설 경우, 황량한 행성이라도 아직 생명체가 남아 있을 가능성을 염두에 둬야 한다는 뜻이지요. 해가 식어도 끝까지 살아남을 최강의 동물이 우리 눈에 보이지 않는 존재라는 사실은 새삼 자연 앞에 겸손하게 해 줍니다.

8장

최고의 걸작: 몸

세포 100조 개의 위엄

태양계와 지구계에 이어 사람이 하늘과 땅에서 차지하는 위상을 살펴보았습니다. 사람의 출현은 지구계와 태양계의 기적이라고 했는데요. 지구와 해를 인식할 수 있는 정신의 발달만 두고 하는 말은 아닙니다. 일차적으로 사람의 몸이 기적입니다.

신경 생리학자 셰링턴은 저서 『몸의 지혜』에서 인체를 "지구가 만든 작품들 중의 대걸작"이라고 찬사를 보냈습니다. 그는 과학자답게 인체가 보이는 자기 조절적인 '항상성'에 최고의 경이감을 느꼈지요.

시인은 조금 다르게 접근합니다. 시인 휘트먼은 "이 세상에 신성한 것이 있다면 그것은 인간의 몸이다"라고 노래했습니다.

시인의 찬사는 과학 발달로 뒷받침됩니다. 첨단 과학기술 덕분에 우리는 이제 사람 몸을 과거보다 훨씬 더 생생하게 살펴볼 수 있게 되었습니다. 전자 현미경, 컴퓨터 단층 촬영, 양전자 방출 단층 촬영, 자기 공명 영상, 전자선 단층 촬영, 감마카메라 스캔 같은 첨단 의료 영상 기술이 일궈 낸 '인체 탐사 기법'은 우리의 몸을 거대하고 경이로운 우주로 안내합니다.

'지구가 만든 신성한 대걸작'을 과학으로 탐구해 볼까요. 인체의 기본 단위는 세포이지요. 우리 개개인의 몸을 이루고 있는 세포의 수는 얼마나 될까요?

건강한 어른의 몸에 세포는 100조 개 가까이 됩니다. 숫자라서 실감이 나지 않는다면 현재 지구에 살고 있는 인구와 비교해 볼까요. 세계 전체 인구의 1만 2000배가 넘는 규모입니다.

더 경이로운 사실은 세포 한 개가 하는 일을 현대 문명의 화학 공장이 대신한다면, 서울 여의도의 국회의사당만 한 시설을 건설해야 한답니다. 과학자들의 그 비유에 따른다면, 우리 몸의 크기는 국회의사당의 100조100,000,000,000,000배가 되어야 합니다. 하지만 인체는 어떤가요. 몸은 최고의 걸작일 뿐만 아니라 실제 기적인 거죠.

100조 개의 세포들이 다양하게 얽혀서 기관이나 장기를 만들고 우리의 몸을 유지합니다. 인간이 만든 어떤 과학적 기계도 감히 인체의 위엄을 넘볼 수 없습니다.

인체의 조직은 네 가지로 구분됩니다. 상피 조직, 결합 조직, 근육 조직, 신경 조직인데요. 상피 조직은 몸 외부의 표면이나 몸 내부의 소화관이나 혈관의 표면을 덮고 있으며, 내부 조직을 보호하고 물질의 흡수와 분비, 감각 등의 작용을 합니다. 결합 조직은 피나 뼈와 같이 조직이나 기관의 사이를 채우고 결합하고 지지하며 다량의 세포 간 물질을 포함합니다. 근육 조직은 신경의 자극을 받아 수축되어 몸을 움직이는 기능을 하며 가로무늬근*과 민무늬근**으로 구성되어 있습니다. 신경 조직은 자극을 감지하여 전달하고 적절히 반응하도록 명령하는 일을 하며 신경 세포와 신경교로 이루어져 있습니다.

상피, 결합, 근육, 신경 조직들이 조합해 기관을 형성합니다. 기관은 여러 조직이 특정 기능을 하도록 통합되어 형성한 구조를 말하며 위, 간, 폐, 심장, 장, 뇌 등이 있습니다.

기관이 모여 기관계를 구성합니다. 태양계와 지구계처럼 상호 작용하는 구성 요소들의 집합이 계였지요. 기관계란 상호 관련성을 가지고 상호 협동 작용을 통해 통일된 기능을 수행하는 기관들을 하나로 묶은 것을 말합니다. 〈표2〉는 각 기관계와 이들을 구성하는 기관들, 그 기능을 도표로 만든 것입니다.

골격계와 근육계를 합쳐 운동계 또는 근골격계라 부르기도 하고,

---

* 가로무늬 근섬유로 이루어진 근육. 주로 관절 주위에 있다.

** 내장이나 혈관 등의 벽면을 이루는 근육. 가로무늬가 없다.

〈표2〉 인간 몸의 기관계와 기관별 기능

기관계	기관	기능
피부계	피부, 머리카락, 손발톱, 땀샘	신체의 보호, 체온 조절, 수분 손실 방지
골격계	뼈, 연골, 인대, 힘줄	신체 보호와 지지, 혈구 생산, 무기질 저장
근육계	근육	신체 움직임, 자세 유지, 체열 생산, 기관 보호
신경계	뇌, 척수, 말초 신경	감각 인지, 신체 움직임 조절, 지적 기능
내분비계	뇌하수체, 송과체, 갑상선, 부갑상선, 부신	신진대사 조절, 생체의 발육과 항상성 유지
순환기계	심장, 동맥, 정맥, 모세혈관, 피	영양소, 노폐물, 산소 등의 운반
림프 및 면역계	림프관, 림프절, 림프액	면역계 면역, 체액 균형 유지
호흡기계	폐, 기관, 기관지, 인두, 후두	산소와 이산화탄소의 가스 교환(외호흡)
소화기계	입, 식도, 위, 소장, 대장, 직장, 항문	영양분의 흡수, 찌꺼기 배출
비뇨기계	신장, 방광, 요도, 요관	노폐물 제거, 산염기 조절, 전해질 및 수분 조절
생식기계	남성 생식기계(고환, 정소), 여성 생식기계(자궁, 난소)	생식 기능, 정자와 난자를 만들고 자손을 생산하는 기능
감각계	시각 기관(각막, 망막), 후각 기관(코안, 후각 세포), 미각 기관(미뢰), 청각 및 평형감각 기관(달팽이관, 전정 기관, 반고리관), 일반 감각 기관(마이스너 소체, 파치니 소체)	특수 감각(시각, 후각, 미각, 청각, 평형감각)과 일반 감각(촉각, 온각, 냉각, 통각 등)의 수용

*출처: 중등 과학 교과서에 근거해 재구성

림프 및 면역계와 순환계를 합쳐 림프 순환계라고 부르기도 합니다. 각 기관계는 고유한 기능이 있으며, 다른 기관계와 상호 작용을 하여 생물학적 기능을 합니다.

기관계는 단순한 기관들의 통합이 아닙니다. 기관들이 서로 연관되어 더 상위의 기능을 하니까요. 예를 들면 소화계는 양분을 흡수하고, 호흡계는 공기 중에서 산소를 흡수하여 에너지를 생산합니다. 순환계는 몸속으로 흡수된 양분과 산소를 온몸의 세포로 운반하고, 세포에서 만들어진 노폐물을 배설계로 운반합니다. 배설계는 노폐물을 몸 밖으로 내보내지요.

우리 몸속 생명의 장치들

주요 기관계를 상세히 살펴볼까요. 무릇 모든 생명체는 기본적으로 외부와 소통해야 하는데요. 그 기본이 먹이입니다. 사자가 온 정성을 들여 사냥하는 이유도 먹지 않으면 죽기 때문이지요. 새삼스런 지적이지만 사자와 같은 포유류에 속하는 사람도 마찬가지입니다. 다만 우아하게 아침, 점심, 저녁 식사를 할 뿐입니다.

과학적으로 설명하면, 세포를 구성하는 물질과 생명 활동에 필요한 에너지를 내는 물질을 끊임없이 세포에 공급해야 합니다. 일상적으로 표현하면, 밥 먹는 일이지요.

음식물에는 세포를 구성하거나 에너지원으로 쓰이는 물질이 들어 있는데요. 영양소입니다. 탄수화물, 지방, 단백질을 3대 영양소라 하지요. 그 밖에도 몸에 필요한 영양소로 물, 무기 염류, 비타민이 있지요.

물론 물은 기본입니다. 사람 몸의 3분의 2가 물로 이루어져 있거든요. 단순한 우연일까요, 지구에서 바다가 차지하는 비율과 비슷하죠.

물은 체온을 유지하고 영양소와 산소, 노폐물을 운반하는 중요한 기능을 할 뿐만 아니라 피와 림프, 세포 사이의 조직액을 이루는 성분이기도 합니다. 몸 안에서 일어나는 복잡한 화학 반응에 직간접적으로 참여하지요. 물 없이 사흘 이상은 못 살 만큼 물은 몸에 꼭 필요한 성분입니다. 가령 정치적 이유로 단식을 하는 사람들도 물은 마셔야 합니다.

흡수가 쉬운 물과 달리 밥과 반찬들은 그대로 몸에 흡수될 수 없지요. 세포막을 통과해 세포까지 도달해야 합니다. 영양소가 세포막을 통과하려면, 아주 자잘하게 분해되어야 하는데요. 그 과정이 '소화'입니다.

사람 몸의 소화 기관으로 무엇이 가장 먼저 떠오르나요? 위를 먼저 떠올리기 십상이지만 순서대로 짚어 볼 필요가 있습니다. 입, 식도, 위, 소장, 대장으로 이어지지요. 음식물이 지나가며 소화되는 통로소화관에 소화액을 분비하는 조직, 곧 소화샘이 연결되어 있습니다. 침샘, 위샘, 간, 이자, 장샘입니다. 소화액은 낮은 온도에서도 화학 작용이 잘 일어나도록 촉매 기능을 하는 소화 효소와 그 효소를 돕는 물질입니다.

우리가 음식물을 입에 넣으면 턱과 이가 씹는 운동으로 잘게 부숩니다. 침샘에서 침이 분비되고, 혀 운동으로 음식물과 침이 골고루 섞이지요. 음식물을 꼭꼭 씹어 먹는 습관은 이가 없는 다른 소화 기관을 도와줍니다. 음식물이 식도를 거쳐 위로 내려가 대장에 이르기까지 근육이 차례차례 수축하는 꿈틀 운동이 일어납니다.

주머니 꼴의 위 안쪽 벽에는 주름이 많고, 주름 안쪽에 위액을 분비하는 위샘이 있습니다. 위에 음식물이 들어오면 위샘에서 위액을 분비하고, 음식물과 위액이 섞이는 혼합 운동이 일어나지요. 음식이 들어가지 않은 상태의 위는 주먹 정도이지만, 음식이 가득 차면 스무 배 이상까지 커집니다. 쭈글쭈글한 주름으로 크기를 조절할 수 있지요.

위액은 단백질을 분해하는 펩신, 강한 산성을 띠는 위산 등으로 이루어져 있습니다. 위산은 금속도 녹일 만큼 강한 산성을 띤 염산 성분이지요. 피부에 닿으면 위험한 물질인 염산처럼 강한 산성 액체가 내 몸에서 나오는 셈입니다.

내 몸이 위에서 염산 성분을 내는 까닭은 무엇일까요? 우리 몸이 37도의 높은 온도를 유지하고 있어서입니다. 무더운 여름철 기온으로 음식이 쉽게 상할 온도이지요. 그래서 위는 소화가 끝날 때까지 먹은 음식물을 안전하게 보관하려고 강력한 산성 성분인 위산으로 소독합니다. 음식과 함께 들어온 세균을 죽이고 상하지 않게 보호하는 것이지요. 아울러 펩신을 활성화시킵니다.

혹시 궁금하지 않은가요. 금속도 녹인다는 강력한 위산이 어떻게 위를 녹이진 않을까? 다행히 위의 안쪽 벽은 뮤신이라는 점액을 끊임없이 내보내 위 내벽을 두텁게 덮습니다. 강한 산성에 위가 상하지 않도록 보호하는 거죠.

무릇 생물은 어디서나 집요합니다. 1980년대에 위산에도 살아남는 세균이 있다는 것이 밝혀졌지요. 바로 위궤양과 위암의 원인이 되는 헬리코박터파일로리균입니다. 마늘이나 브로콜리에 있는 성분이 이 균을 제압하는 데 효과가 있는 것으로 알려졌지요.

위에서 소화된 음식물은 꿈틀 운동으로 작은창자소장에 이릅니다. 길이가 6미터에 이르는 긴 소화관입니다. 십이지장은 작은창자 윗부분으로 위와 이어져 있지요. 십이지장에는 간, 쓸개로 이어지는 관과 이자로 이어지는 관이 있습니다. 그 관들로 쓸개즙과 이자액을 받아들이지요.

작은창자는 수축과 이완을 되풀이분절 운동하며 이자액, 쓸개즙, 소장의 효소를 이용해 3대 영양소를 최종적으로 소화합니다. 녹말은 포도당으로, 단백질은 아미노산으로, 지방은 지방산과 모노글리세리드로 분해하지요.

특히 이자액은 3대 영양소를 모두 분해할 수 있는 소화액입니다. 지방을 소화하는 리페이스는 이자액에만 들어 있지요. 리페이스를 돕는 것이 쓸개즙입니다. 쓸개즙은 간에서 만들고 쓸개에 농축되어 저

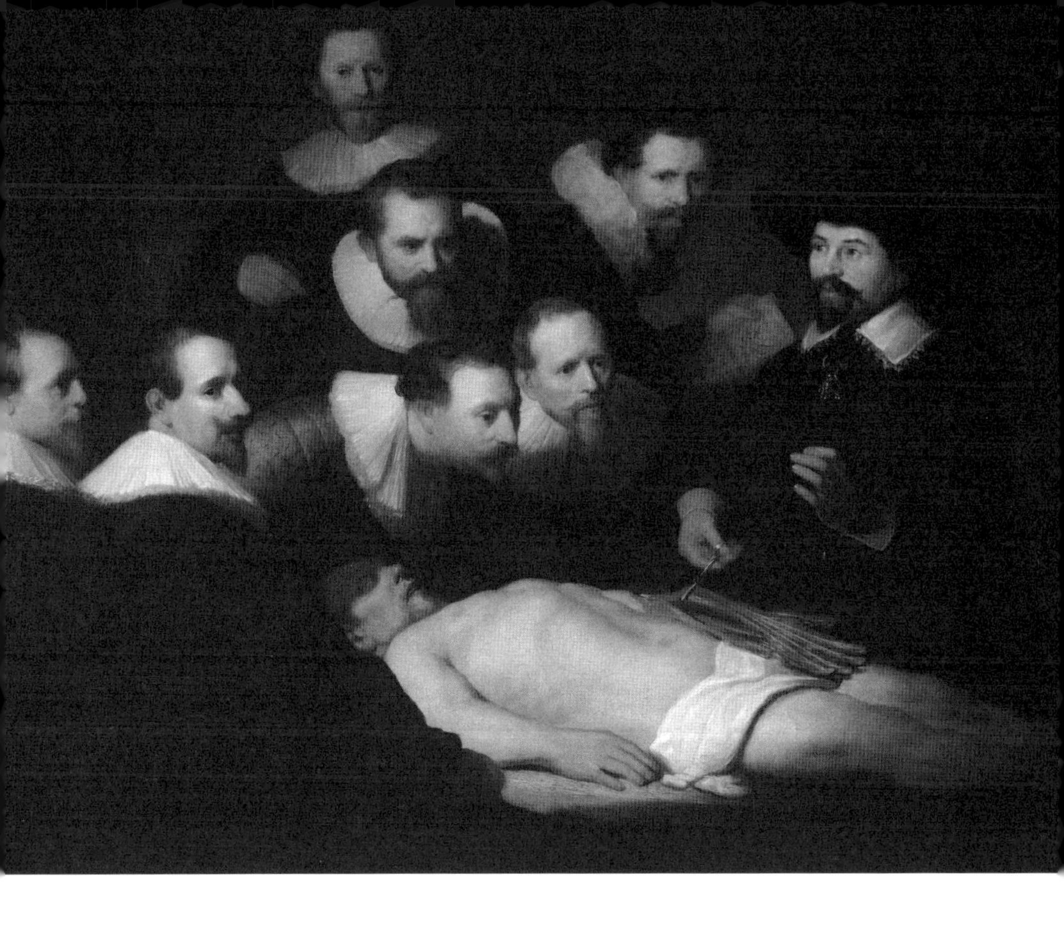

네덜란드의 황금시대를 대표하는 화가 렘브란트가 1632년 그린 <니콜라스 튈프 박사의 해부학 강의>입니다. 튈프 박사는 암스테르담 시장을 지낼 정도로 존경받던 외과 의사였지요. 큰창자와 작은창자 사이의 돌막창자판막을 흔히 튈프 판막이라 하는 이유도 그가 처음 발견했기 때문입니다. 과학의 발전에 힘입어 시작된 인체 해부는 당시 교수형을 당한 범죄자의 시신만 허용됐습니다. 대형 극장에서 많은 유료 관객을 앞에 두고 공개적으로 열린 행사였습니다. 사람들이 몸의 신비에 그만큼 관심이 높았다는 뜻이지요.

장됩니다. 작은창자 안쪽 벽에 주름과 돌기융털들은 영양소와 닿는 표면적을 넓게 하여 소화된 영양소를 효율적으로 흡수할 수 있습니다.

참으로 정교하지요. 소화 기관이 제각각 영양소를 분담하고 협조하면서 소화해 가는 작용을 살펴보면 멋진 교향곡 연주와 같습니다. 융털 속에 모세 혈관이 퍼져 있고 가운데에 암죽관이 있는데요. 모세 혈관으로 물에 녹는 포도당, 아미노산, 무기 염류, 비타민 B, 비타민 C가 흡수됩니다. 암죽관으로는 물에 녹지 않는 지방, 비타민 A, 비타민 D가 흡수되지요. 모세 혈관과 암죽관으로 흡수된 영양소는 심장으로 이동한 다음에 온몸으로 운반되어 세포를 구성하거나 에너지원으로 쓰입니다.

작은창자에서 흡수되지 않고 남은 물질은 큰창자대장로 이동합니다. 작은창자의 끝에서 항문까지 이어진 큰창자는 작은창자보다 굵어 그렇게 이름 붙여졌지만 길이가 짧고 소화샘도 없습니다. 큰창자에서는 소화 작용이 거의 일어나지 않고, 주로 물이 흡수됩니다. 물이 빠져나가고 남은 물질은 배설하지요. 음식물이 소화 흡수되지 않은 것, 소화액의 나머지, 장내 미생물도 포함되어 동서양 모두 비료로 삼았습니다. 그것을 비료로 먹거리가 풍성하게 자라므로 여기서도 순환이 이뤄진다고 할 수 있지요.

살아가려면 영양소를 비롯해 생명 활동에 필요한 물질을 우리 몸의 세포로 끊임없이 공급해야 하는데요. 순환계가 그 일을 합니다.

순환계는 피혈액, 심장, 혈관으로 이루어지지요. 피는 사람들 사이에서 "가장 극적인 빛깔을 가졌다"거나 "민주주의는 피를 먹고 자라는 나무"라는 말이 오갔듯이 사람의 열정적 삶과 언제나 연관을 맺어 왔습니다. 과학으로 분석하면, 피는 엷은 노란색의 액체 성분인 혈장 55퍼센트과 붉은색의 고체 성분인 혈구45퍼센트로 이루어져 있습니다.

혈장은 90퍼센트가 물이지만, 영양소를 비롯한 여러 물질이 녹아 있습니다. 혈장은 세포에 영양소와 산소를 운반해 주고, 세포에서 생긴 이산화탄소나 각종 노폐물을 받아 옵니다.

혈구에는 적혈구, 백혈구, 혈소판이 있습니다. 우리 혈액이 붉게 보이는 것도 적혈구가 붉은색을 띠는 헤모글로빈을 담고 있기 때문입니다. 적혈구는 산소를 운반합니다. 혈관을 통해 폐에서 온몸으로 산소를 나르지요.

그런데 적혈구는 산소뿐만 아니라 이산화탄소와도 결합하는 성질이 있습니다. 산소가 많은 폐에서는 산소와 결합하지만 이산화탄소가 많은 조직 세포에서는 이산화탄소와 결합하지요.

폐를 흐르는 모세혈관에서 산소는 적혈구와 결합해 혈관을 통해 온몸으로 퍼집니다. 이산화탄소가 많은 조직 세포에 도달하면 적혈구는 산소와 분리되고 이산화탄소와 결합합니다. 이렇게 산소를 조직 세포에 공급해주고 조직 세포에서 생긴 노폐물인 이산화탄소를 다시 폐까지 운반해 몸 밖으로 내보냅니다.

백혈구는 적혈구보다 수가 훨씬 적지만, 크기가 더 크고 우리 몸에 침입하는 세균 따위를 잡아먹는 식균 작용을 합니다. 백혈구 수치가 정상보다 낮거나 높으면 몸에 이상이 있는 것이지요. 혈소판은 상처 부위에서 출혈이 일어났을 때 이를 멈추게 하는 혈액 응고 작용을 합니다.

혈액 속 혈구의 수는 그 자체가 우주입니다. 보통 한 사람의 몸속에 흐르는 혈액의 총량이 5리터인데요. 1세제곱밀리미터당 적혈구는 450만~500만 개, 백혈구는 7000개, 혈소판은 30만 개가 들어 있습니다. 혈구들은 혈장에 실려 온몸으로 이동합니다.

우리 몸에서 혈액을 이동시키는 기관이 바로 심장입니다. 심장 박동을 통해 모든 기관은 혈액을 받아들이고 내보내지요. 심장은 주먹만 한 크기로 두꺼운 근육으로 이루어져 있으며, 가슴 중앙에서 왼쪽으로 치우쳐 있습니다.

인류가 오랜 옛날부터 주로 오른손을 사용하게 된 이유에 대해 많은 논란이 있는데요. 그중 사냥이나 전쟁에서 자신의 심장을 보호하는 왼손 대신 오른손으로 공격하는 게 더 효과적이었다는 주장이 있지요. 그렇다면 왼손은 오른손보다 더 평화적인 손이라고 할 수도 있겠지요.

그럼 심장의 위력을 알아볼까요? 심장은 피를 동맥으로 내보냅니다. 동맥은 몸의 각 부분에서 더 작은 핏줄혈관들로 나누어지다가 모세 혈관으로 이어집니다. 온몸에 그물처럼 퍼져 있는 모세 혈관은 적혈구 하나가 겨우 지나갈 정도로 가느다란 혈관이지요.

우리 몸속의 모세 혈관은 어느 정도일까요. 모두 연결하면 길이가

10만 킬로미터에 이릅니다. 이 또한 실감 나지 않을 수 있는데요. 지구를 두 바퀴 반이나 감을 수 있는 길이입니다. 바로 내 몸속에 그 길이의 혈관이 살아 있는 겁니다. 천문학적 길이의 혈관들이 심장 박동의 힘으로 일사분란하게 순환하면서 우리 몸속에 아무런 혼란 없이 맡은 일을 수행하고 있는 사실은 조금만 성찰해 보아도 기적입니다.

피가 모세 혈관을 지나는 동안 조직 세포 사이에 물질 교환이 일어납니다. 모세 혈관들은 합쳐져 정맥으로 이어지지요. 피는 압력이 높은 곳에서 낮은 곳으로 흐르면서 돌거든요. 심장에서 동맥을 통해 모세 혈관을 거쳐 정맥으로 가는 원리는 혈압의 차이입니다.

동맥은 높은 혈압을 견딜 수 있게 혈관 벽이 두꺼우며, 모세 혈관은 천천히 흐르면서 조직 세포와 물질을 교환합니다. 또한 정맥은 가장 혈압이 낮기에 심장의 피가 정맥으로 거꾸로 흐를 수 있어 판막을 갖춰 피의 역류를 막습니다.

우리의 심장은 2심방 2심실인데 왼쪽과 오른쪽이 분리되어 있어 피가 섞이지 않습니다. 위쪽을 심방, 아래쪽을 심실이라 합니다. 심장은 신기하게도 몸에서 떼어 내 생리 식염수에 넣으면 한동안 혼자서 박동하는 기관입니다. 스스로 박동을 조절하는 것이지요.

심장 박동은 심방 수축, 심실 수축, 심방과 심실 이완으로 이어지면서 주기적으로 반복됩니다. 심방이 수축하면 피가 심실로 내려오고, 심실이 수축하면 피가 심실에서 나가며, 심방과 심실이 이완하면 심방으로 피가 들어옵니다. 심방이나 심실이 수축하면 부피가 작아지고 압력이 커지게 되므로 압력이 낮은 곳으로 흐르는 이치이지요.

피가 역류하지 않도록 하는 판막은 심방과 심실 사이, 심실과 동맥 사이에 있습니다. 정맥과 심방 사이에는 없는데 정맥에 판막이 있기 때문입니다.

약간 왼쪽에 치우쳐 있는 심장에서 좌심실은 가장 두꺼운 근육입니다. 좌심실에서 나간 혈액은 대동맥을 거쳐 온몸을 지나는 동안 조직 세포에 산소와 영양소를 공급하고 이산화탄소와 노폐물을 받아 대정맥을 거쳐 반대쪽 우심방으로 돌아옵니다. 이를 체순환이라 하지요.

심장의 우심실에서 나간 피는 폐동맥을 거쳐 폐를 지나는데요. 폐를 지나는 동안 이산화탄소를 내보내고 산소를 받고, 폐정맥을 거쳐 반대쪽 좌심방으로 돌아옵니다. 폐순환이지요. 피는 체순환과 폐순환을 통해 끊임없이 순환합니다. 복잡함 속에 간결한 과학이 숨어 있지요.

온몸을 도는 체순환과 별도로 폐순환이 있는 까닭은 무엇일까요. 기체 교환이 매우 중요하기 때문입니다. 피가 폐동맥을 거치며 산소를 받는다고 했는데요. 우리가 숨을 쉴 때 폐를 통해 공기 중의 산소를 받아들입니다.

산소는 작은창자에서 흡수한 영양소와 함께 혈액에 실려 온몸을 구성하는 세포로 운반됩니다. 세포에서는 영양소가 산소와 반응하여 이산화탄소와 물로 분해되면서 에너지가 발생하는데요. 이 과정을 '호흡'이라고 합니다. 세포는 호흡 과정에서 얻은 에너지를 생명 활동에 이용합니다.

흔히 '호흡'은 공기를 들이쉬고 내쉬는 '숨 쉬기'라고 이해하지만, 호흡의 과학적 의미는 숨 쉬기뿐만 아니라 세포에서 생명 활동에 필요한 에너지를 얻는 과정까지 모두 포함합니다.

우리가 살아가려면 호흡에 필요한 영양소와 산소를 끊임없이 세포에 공급해야 합니다. 세포는 잠시라도 산소를 공급받지 못하면 생명을 유지하지 못하거든요.

따라서 공기 중의 산소를 빠르게 받아들여 몸속으로 보내야 합니다. 동물체에서는 호흡계가 담당하지요. 사람도 호흡계를 통해 공기 중의 산소를 받아들이고 세포에서 호흡 결과 발생한 이산화탄소를 몸 밖으로 빠르게 내보냅니다.

호흡계인 코, 기관, 기관지, 폐는 서로 연결되어 있어 숨을 들이쉬면 공기가 콧속을 지나 기관, 기관지를 거쳐 폐 속의 폐포까지 들어갑니다. 폐포는 폐를 이루고 있는 작은 공기 주머니로, 표면이 모세혈관으로 둘러 싸여 있지요.

폐포와 모세 혈관 사이에서는 산소와 이산화탄소의 교환이 일어납니다. 폐포는 폐 전체에 약 3억~4억 개가 있어서 폐가 공기와 접촉하는 표면적을 크게 넓혀 줍니다.

코는 콧속을 지나는 공기의 온도와 습도를 알맞게 조절하고, 코 안쪽 벽에 있는 털과 점액을 통해 먼지를 거릅니다. 기관 안쪽 벽에는 섬모가 있으며, 섬모를 통해 콧속에서 걸러지지 않은 세균 등의 이물질을 거르지요.

폐허파는 가슴 속에 좌우 한 개씩 있는데 좌우 대칭이 아닙니다. 오른쪽 허파우폐가 왼쪽 허파좌폐보다 조금 더 크고 세 개의 덩어리로 나뉘는데 마치 나뭇잎이 겹쳐져 있는 모양을 하고 있어서 3엽이라고 하지요. 심장이 있는 쪽의 좌폐는 2엽입니다.

폐는 가로막과 갈비뼈로 둘러싸여 있지요. 산소와 이산화탄소가 드나들어야 하기에 근육층이 발달할 수 없습니다. 근육이 없으므로 스스로 운동할 수 없지요. 가로막과 갈비뼈가 대신 운동하여 흉강*의 부피를 변하게 함으로써 압력을 변화시키고 압력의 차이로 폐 속에 공기가 드나들 수 있습니다.

숨을 들이쉴 때 가로막이 내려가고 갈비뼈를 올라가게 하여 흉강의 부피가 커지는 식이지요. 숨을 들이쉴 때 흉강의 압력이 낮아져 산소가 풍부한 공기가 들어오게 되면 이 산소는 폐포의 모세 혈관으로 들어가 심장의 왼쪽 부위를 거쳐 조직 세포에 산소를 공급합니다.

숨을 내쉴 때에는 가로막이 올라가고 갈비뼈가 내려가 흉강의 부피가 작아지고 압력이 높아져 공기가 나가게 됩니다. 이때 조직 세포에서 발생한 이산화탄소를 버리게 되지요. 조직 세포의 이산화탄소가 조직 세포를 둘러싼 모세 혈관으로 들어가 심장의 오른쪽 부위를

---

* 몸 안 목과 가로막 사이의 공간.

거쳐 폐로 오게 되고 숨을 내쉬면서 몸 밖으로 내보내는 것입니다. 이렇게 숨을 들이쉬거나 내쉬는 운동을 할 때에는 가로막과 갈비뼈가 상하 운동을 하므로 에너지를 씁니다.

그러나 폐와 조직 세포에서 산소와 이산화탄소가 교환되는 것은 에너지 없이 자동적으로 이루어지는 현상입니다. 폐에서 폐의 모세혈관으로 산소가 들어가고 반대로 폐의 모세혈관에서 폐로 이산화탄소가 나올 때 에너지가 사용되지 않거든요.

조직 세포의 모세혈관에서 조직 세포로 산소가 들어가고, 조직 세포에서 모세혈관으로 이산화탄소가 나가는 원리도 마찬가지입니다. 확산이지요. 폐를 통해 기체가 저절로 퍼집니다. 쉽게 간추리면 산소나 이산화탄소와 같은 기체가 압력이 높은 곳에서 낮은 곳으로 이동하는 원리입니다. 폐에 들어온 공기가 우리 몸보다 산소가 많기 때문에 산소가 많은 폐에서 산소가 부족한 우리 몸으로 들어오며, 폐에 들어온 공기에 이산화탄소가 적기 때문에 우리 몸에 있는 이산화탄소가 폐로 가서 몸 밖으로 나갑니다.

만약 대기 오염이 매우 심각해진다면 반대의 현상이 나타날 수도 있다는 이야기이지요. 공기 속에 산소가 부족하고 이산화탄소가 몹시 많다면 우리 몸에 저절로 이산화탄소가 들어오고 산소가 나갈 수 있는 끔찍한 일이 벌어질 것입니다.

우리 몸이 배설하는 노폐물은 이산화탄소 외에도 오줌과 땀이 있습니다. 오줌에는 물과 요소가 가장 많이 들어 있습니다. 호흡으로 버리는 이산화탄소와 오줌으로 배설하는 물과 요소는 우리가 에너지를 만들면서 생기는 노폐물이죠.

이산화탄소와 물은 탄수화물과 지방의 노폐물입니다. 단백질의 노폐물은 이산화탄소와 물에 더해 암모니아가 있어요. 독성이 강한 암모니아는 간의 해독 작용을 통해 요소로 바뀝니다. 간은 인체의 화학 공장이라고 불릴 정도로 수많은 일을 하는데요. 간은 암모니아를 해독해 독성이 적은 요소로 만듭니다.

혈액을 통해 흐르는 노폐물은 폐나 콩팥신장, 땀샘으로 나가게 됩니다. 물과 요소는 오줌이나 땀으로 나가게 되는데 이 과정을 '배설'이라고 합니다. 콩팥은 혈액 속에 포함된 요소와 같은 노폐물을 걸러내어 오줌을 만들어 몸 밖으로 내보냅니다.

오줌은 콩팥, 오줌관, 방광, 요도 등의 배설 기관에서 만들어지고 버려집니다. 좌우 콩팥에는 각각 100만 개의 네프론*이 있어 여과, 재흡수, 분비를 통해 노폐물을 버리면서 체액의 균형을 유지하지요.

우리 개개인의 작은 몸에서 날마다 일어나고 있는 기적을 요약해 볼까요. 소화계는 음식물을 소화해 영양소를 흡수하고, 순환계는 흡수된 영양소를 온몸의 조직 세포로 운반합니다. 호흡계는 공기 중의 산소를 흡수하고, 순환계는 흡수된 산소를 온몸의 조직 세포로 운반합니다.

---

* 콩팥의 해부학적, 기능적 단위를 나타내는 말.

조직 세포에서는 영양소가 산소와 반응하여 분해되면서 생명 활동에 필요한 에너지가 방출되는데, 이 과정에서 노폐물이 생기지요. 순환계는 노폐물을 각각 호흡계나 배설계로 운반하고, 배설계는 노폐물을 걸러 내어 오줌을 만들어 몸 밖으로 내보냅니다.

우리 몸에서 소화계, 순환계, 호흡계, 배설계는 생명 활동에 필요한 에너지를 얻는 과정으로 서로 이어져 있습니다. 하지만 그것만으로 최고의 걸작이라 할 수 없겠지요. 지금까지 몸 내부를 살펴보았는데요. 몸 외부와 내부를 한 순간도 빠트림 없이 이어주는 감각 기관을 우리 몸은 지니고 있습니다.

감각의 세계와 뇌의 신비

몸은 주변에서 일어나는 환경의 변화를 받아들이고, 그 변화에 적절한 반응을 나타냅니다. 감각 기관으로 눈, 귀, 코, 혀, 살갗피부이 있지요.

몸의 등불, 또는 마음의 창문으로 불려 온 눈부터 과학적으로 탐색해 보죠. 얼굴 살갗이 부분적으로 가리고 있지만 눈은 탁구공 크기입니다. 바깥쪽을 싸고 있는 각막과 공막으로 된 섬유막, 중간 맥락막, 안쪽 망막의 세 겹으로 싸여 있지요.

눈으로 대상을 바라보면 그 물체에서 나오거나 반사된 빛이 각막과 수정체를 통과하며 굴절되어 망막에 상이 맺힙니다. 이때 망막에 있는 시각 세포가 빛을 자극으로 받아들이고, 이 자극은 시각 신경을 통해 대뇌로 전달됩니다. 그 과정을 통해 비로소 우리가 볼 수 있는 거죠.

그런데 대뇌는 시각의 자극을 단순히 반영만 하지 않습니다. 한 심리학자가 동전 실험을 했는데요. 어린 아이들을 두 모둠으로 나누어 한 모둠에는 밥을 충분히 먹이고 다른 모둠은 밥을 주지 않고 동전을 그리게 했습니다. 배부른 모둠의 아이들은 동전을 실제와 거의 동일한 크기로 그린 반면 배고픈 아이들이 그린 동전의 크기는 실제의 크기보다 더 컸지요.

왜 그랬을까요? 배고픈 아이들에게 동전은 음식을 사 먹을 수 있고 배고픔을 해소할 수 있는 매우 소중한 것이었습니다. 동전이 절실했던 아이들에게 동전의 의미는 클 수밖에요. 뇌는 시각 정보를 비롯한 여러 정보들을 있는 그대로 받아들이는 단순한 기관이 아닙니다.

우리가 볼 수 있는 것은 빛의 일부입니다. 가시광선이라고 부르지요. "빨주노초파남보" 무지개 색깔이 그것입니다. 민족에 따라 무지개의 색깔도 달라 마야인은 다섯 색깔로, 아프리카에서는 두 색깔로 구분하기도 했는데요. 실제로 가시광선은 200여 가지 색으로 구분할 수 있습니다. 일곱 빛깔은 프리즘분광기의 스펙트럼을 통해 무지개를 처음 발견한 뉴턴의 생각일 뿐입니다.

기관들끼리 유기적으로 관계를 맺으며 외부 환경과 상호 작용하여 벌어지는 다채로운 기능은 우리의 몸을 한층 신비롭게 합니다.

귀는 일차적으로 청각을 담당합니다. 프랑스의 시인 장 콕토가 "내 귀는 소라 껍데기, 바다 소리 그리워라" 노래했듯이, 소리는 물체의 진동이 공기를 통해 전달되는 음파입니다. 귀는 음파를 받아들이는 기관이지요. 음파는 공기뿐 아니라 다른 물질을 통해서도 귀에 전달됩니다. 공기보다 물, 물보다 고체에서 더 빠르지요.

공기를 통해 전달된 음파를 처음으로 받아들이는 얇은 막이 고막입니다. 귓바퀴가 모은 음파가 고막을 진동시키면, 이것이 귓속뼈에서 증폭되어 달팽이관으로 전달됩니다.

귓속뼈는 우리 몸에서 가장 작은 뼈인데요. 세 개의 뼈들이 차례로 움직이며 소리를 증폭해 전달합니다. 이때 지렛대의 원리가 작용하지요. 귓속뼈뿐 아니라 인체의 모든 뼈는 관절이 받침점이 되어 뼈가 힘을 덜 들이거나 빠른 속도로 섬세한 운동을 할 수 있도록 작동합니다.

달팽이관의 청각 세포는 피아노를 연상케 합니다. 고음에서 저음까지 건반처럼 청각 세포가 배열되어 음파의 자극을 받아들이거든요. 이 자극은 청각 신경을 통해 대뇌로 전달됩니다. 그 과정을 통해 우리는 소리를 들을 수 있습니다.

인간이 들을 수 있는 소리는 제한되어 있습니다. 굳이 돌고래를 비롯해 청각이 발달한 동물들과 비교한다면 인간은 거의 귀머거리에 가깝지요.

귀는 몸의 균형을 유지하는 평형감각도 담당합니다. 눈으로 보지 않아도 몸이 회전하거나 기울어지는 것을 느낄 수 있는 감각이지요. 평형감각은 소뇌로 전달됩니다.

코를 통해 우리는 기체 물질을 자극으로 받아들여 냄새를 느낄 수 있습니다. 후각이지요. 기체가 콧속으로 들어오면 콧속 윗부분의 후각 상피에 있는 후각 세포가 이 물질을 자극으로 받아들이고, 이 자극은 후각 신경을 통해 대뇌로 전달됩니다. 그 과정을 통해 냄새를 맡을 수 있지요.

후각은 매우 예민한 감각이며 냄새의 종류는 셀 수 없이 많습니다. 예민한 후각 세포는 쉽게 피로해지기에 같은 냄새를 오래 맡고 있으면 그 냄새를 잘 느끼지 못합니다.

대부분의 동물들은 먹이를 사냥하거나 짝짓기를 하거나 영역을 표시할 때, 포식자를 인지할 때, 서로 의사소통을 할 때 모두 시각보다는 후각에 의존합니다. 후각은 생존에 필수적이며 가장 오래된 감각입니다.

그런데 인류가 직립하면서 시각이 발달하고 후각은 퇴화되었지요. 그러나 인간 또한 다른 동물처럼 냄새에 의존적이며 정서뿐 아니라 기억력이나 행동에도 상당한 영향을 끼칩니다. 엄마의 포근한 냄새 같은 것이죠.

혀는 미각을 담당합니다. 표면에 여러 개의 작은 돌기가 돋아 있고, 각각의 돌기 옆면에 맛봉오리가 있지요. 맛봉오리에 있는 맛세포가 물질을 자극으로 받아들이면, 미각 신경을 통해 대뇌로 전달됩니다.

혀를 통해 느낄 수 있는 맛은 단맛, 짠맛 외에 신맛, 쓴맛, 감칠맛 다섯 가지입니다. 매운맛과 떫은맛은 혀로 느끼는 미각이 아니라 입 안의 살갗으로 느끼는 감각입니다.

다만 맛은 감각을 종합해 느낍니다. 후각이 가장 많은 영향을 주며 피부 감각, 시각도 작용하지요. 가령 코를 막고 눈을 감은 채 오렌지 주스와 포도 주스를 먹어 보면 구별하기 어렵습니다.

살갗피부은 인체에서 가장 큰 기관입니다. 몸 전체를 덮는 피부는 가장 큰 표면적을 차지하고 상대적으로 무겁기도 합니다. 피부 두께는 2~3밀리미터 정도이지요.

살갗을 통해 느낄 수 있는 기본적인 감각은 부드러움촉각, 딱딱함압각, 차가움냉각, 따뜻함온각, 아픔통각입니다. 가렵거나 간지러운 것은 압각과 통각의 복합 감각입니다. 물체가 닿으면 살갗에 있는 감각점에서 자극을 받아들이고, 이 자극은 살갗 감각 신경을 통해 대뇌로 전달됩니다.

피부 감각점 중 통점이 가장 많은데요. 통각 신경의 말단이 노출되어 있고 통각 신경의 굵기가 매우 가늘어 많이 분포할 수 있습니다.

생물학적으로 통점은 자신을 보호하기 위해 필수적인 생존 도구입니다. 만약 병에 걸렸거나 위험에 노출되었을 때 아픔을 느낄 수 없다면 큰일 나겠죠. 우리는 통점이 많아서 고통을 쉽게 느끼지만, 통점은 위험으로부터 몸을 보호하는 파수꾼입니다. 인류의 문명과 역사는 인간의 고통을 줄이는 길로 발전해 온 것은 아닐까요?

피부의 감각점은 우리 몸 전체에 고르게 분포하지 않고 몸의 부분에 따라 많거나 적게 분포합니다. 피부 감각점이 많은 곳은 더 예민합니다. 손끝이지요.

어릴 적에 "쎄쎄쎄, 아침바람 찬바람에…… 구리구리 가위 바위 보" 놀이 기억나나요? 술래의 뒷목에 손가락을 눌러 손가락의 개수를 알아맞히는 놀이입니다. 맞히기 어려웠지요. 분명히 두 개의 손가락 같은데 세 개라고 하네요. 뒷목에는 감각점이 조밀하지 않기 때문이지요.

그에 비해 손끝 올록볼록한 지문 속에 감각점이 매우 조밀하게 들어 있습니다. 손을 통해 인류는 만물의 영장이 될 수 있었습니다. 실제로 뇌에서 들어오고 나가는 신경의 반 이상이 손으로 연결되어 있지요.

손에는 가장 많은 뼈가 들어 있어서 자유롭게 움직일 수 있습니다. 54개인데 우리 몸 전체 뼈의 4분의 1이나 됩니다. 눈과 코, 귀 등 얼굴로 느끼고 표현할 수 있는 것보다 손으로 느끼고 표현하는 것이 더 풍부하다는 뜻이지요.

농부의 손, 미술가의 손, 음악가의 손, 과학자의 손이 이뤄 낸 것을 상상해 보세요. 독일 철학자 칸트는 손을 '눈에 보이는 뇌의 일부'라고 했습니다. 한국인의 손가락 감각은 세계적으로도 특출하다고 정평이 나있지요. 젓가락을 많이 사용했기 때문으로 풀이하기도 합니다.

우리 몸에 감각 기관이 받아들인 자극을 전달하고, 이 자극을 판단하여 적절한 반응이 나타나도록 신호를 보내는 체계를 신경계라고 합니다. 몸에 인터넷 통신망과 같이 정보를 전달하는 체계가 있는 셈이지요. 마치 전깃줄처럼 전기화학적인 방법으로 정보를 전달하고 의사소통합니다.

신경계는 중추 신경계와 말초 신경계로 구성됩니다. 자극은 말초 신경계를 통해 중추 신경계로 전해지며, 중추 신경계는 자극을 판단하여 적절한 명령을 내리지요. 이 명령은 다시 말초 신경계를 통해 각 기관에 전달되어 반응이 나타납니다.

신경계의 자극 전달은 신경 세포를 통해 일어납니다. 뉴런이지요. 뉴런은 인체의 세포 중에서 가장 독특한 모양을 지녔습니다. 가지 돌기, 신경 세포체, 축삭 돌기로 구성되어 있어 자극을 전달하기에 적합한 구조입니다. 가지 돌기를 통해 다른 뉴런이나 감각 기관으로부터 자극을 전달받고, 축삭 돌기를 통해 다른 뉴런이나 기관으로 자극을 전달합니다.

기능에 따라 감각 뉴런, 연합 뉴런, 운동 뉴런으로 구분됩니다. 감각 뉴런은 감각 기관에서 받아들인 자극을 연합 뉴런에 전달합니다. 연합 뉴런은 뇌와 척수를 구성하는 중추 신경계이며, 감각을 느끼고 정보를 판단해 적절한 명령을 내립니다. 운동 뉴런은 연합 뉴런의 명령을 운동 기관에 전달하지요.

중추 신경계는 자극을 판단해 적절한 명령을 내리며, 뇌와 척수로 이루어져 있습니다. 뇌는 기능에 따라 대뇌, 소뇌, 간뇌, 중간뇌, 연수로 구분합니다.

대뇌는 감각 기관에서 받아들인 자극을 종합하고 판단하여 필요한 명령을 내리며 기억, 추리, 판단 등 다양한 정신 활동을 담당합니다. 소뇌는 몸의 균형을 유지하고, 간뇌는 몸속의 상태를 일정하게 유지하는 기능을 합니다. 중간뇌는 눈의 움직임을 조절하고, 연수는 심장 박동과 호흡 운동을 조절합니다.

척수는 등뼈척추 속에 들어 있는 신경입니다. 감각 신경과 운동 신경이 연결되어 있어 감각 기관과 뇌 사이에 정보를 전달하는 통로 역할을 하며 무의식적 반응의 중추 기능도 합니다.

중추 신경계에서 뻗어 나와 우리 몸의 각 부분과 연결된 거대한 신경망이 말초신경peripheral nerves, 末梢神經입니다. '말초'라는 어감 때문에 무시한다면 큰 오산이지요. 온몸에 퍼져 있어 몸의 모든 자극을 중추 신경계로 전달하고 중추의 명령을 전달하는 신경이니까요. 몸 신경계체성 신경계와 자율 신경계로 나뉩니다.

몸 신경계는 대뇌의 지배를 받으며 운동 기관의 근육에 분포하고 감각 신경과 운동 신경으로 구성되어 있습니다. 자율 신경계는 대뇌의 지배를 받지 않고 주위 변화에 맞추어 자동으로 몸을 조절합니다. 자율 신경autonomic nerve이라는 말 그대로이지요.

몸 안팎의 변화를 알아차리고 판단해서 호흡, 소화, 체온, 면역, 심장 박동을 조절합니다. 신체의 전반에 걸쳐 광범위하게 분포하는 자율 신경 덕분에 우리는 자고 있을 때도 숨을 쉬고 심장이 뛰는 생명 활동을 할 수 있습니다.

자율 신경은 교감 신경과 부교감 신경으로 나뉘는데요. 교감 신경은 공포를 느낄 때와 같이 위급한 상황에 반응합니다. 온몸에 존재하며 심장, 폐, 근육 등을 지배하지요. 부교감 신경은 소화와 흡수를 하는 것과 같은 에너지를 절약하고 저장하는 작용을 합니다.

교감 신경과 부교감 신경은 서로 도우며 우리 몸 안의 안정성을 유지합니다. 교감 신경과 부교감 신경은 한쪽이 어떤 기관의 기능을 활성화시키면 다른 한쪽은 억제시켜 균형을 잡거든요. 이처럼 두 요인이 동시에 작용해 그 효과를 서로 상쇄하는 작용을 길항 작용 antagonism, 拮抗作用이라 합니다.

자율 신경이라 해서 모든 걸 몸에 맡겨 두어야 할까요? 아닙니다. 스트레스를 많이 받거나 자신을 잘 다스리지 못하면 자율 신경의 균형이 망가집니다. 가슴 두근거림, 소화 불량과 같은 증세가 나타나는 이유이지요.

사람의 뇌는 눈, 귀, 코 등의 감각 기관으로부터 받은 정보를 기억하고 판단해 적절한 명령을 내립니다. 우리가 보고 듣고 느끼는 모든 것은 물론, 몸속에서 일어나는 모든 일은 신경의 전기 신호를 통해 최고 초속 120미터의 엄청 빠른 속도로 뇌에 전달됩니다.

이를테면 100미터 달리기 육상 선수는 귀를 통해 출발 신호를 자극으로 받아들입니다. 자극은 감각 뉴런으로 이루어진 청각 신경을 통해 뇌로 전달되지요. 연합 뉴런으로 이루어진 뇌는 자극을 판단하여 출발 명령을 내립니다. 이 명령이 운동 뉴런으로 이루어진 운동 신경을 통해 팔, 다리로 전달되어 달려 나가는 반응이 일어납니다. 모두 순간에 일어나지요.

사람의 뇌는 또 하나의 우주입니다. 뇌에는 1000억 개라는 어마어마한 수의 뇌 세포가 있으니까요. 뇌 세포를 연결하는 시냅스는 무려 100조 개에 이릅니다.

시냅스는 머리를 쓰면 쓸수록, 구체적으로는 오감을 통해 자극을 적극적으로 받아들일수록 발달합니다. 뇌의 왼쪽좌뇌은 이성, 오른쪽우뇌은 정서를 담당합니다. 좌뇌와 우뇌는 뇌량뇌 다리으로 이어져 소통합니다.

흔히 '머리가 좋다'는 말을 하는데요. 과학적으로 설명하면 "뇌신경 세포를 연결하는 시냅스의 연결이 많아지고 강화된다"는 뜻입니다. 그러니까 개개인이 얼마나 뇌를 잘 썼느냐에 따라 머리가 좋고 나쁨이 결정된다는 거죠.

지능이 유전적 영향을 전혀 받지 않는 것은 아닙니다. 사람들이 서로 다른 지능을 갖고 태어나는 것도 사실이지요. 하지만 지능은 다채롭습니다. 지능검사IQ Test만으로는 자신의 지능을 재단한다면 정말 어리석은 일이지요.

인간은 언어, 음악, 논리, 수학, 공간, 신체 운동, 인간 친화, 자기 성찰, 자연 친화와 같은 지능들이 있으니까요. 실제로 뇌는 논리적 사고와 상상력, 욕망·환희·슬픔·걱정과 같은 모든 경험에 관여합니다.

20세기 후반 이후 뇌 과학, 신경 과학은 발전을 거듭하고 있습니다. 그럼에도 원자, 단백질, 세포 소기관, 세포 조직, 뉴런들로 이루어진 우리 몸에 담긴 마음은 여전히 신비의 영역입니다. 첨단 과학 도구로도 찾아낼 수 없지만, 우리 몸속에서 마음은 생명 활동의 하나로 존재하고 있지요. 마음은 물질에서 일어나고, 물질을 움직입니다.

과학자들은 마음이 뇌 속 어느 장소에 있지 않다고 봅니다. 마음 또는 의식은 우리 안에서 일어나는 뭔가가 아니라 우리가 주변의 세계와 역동적으로 상호 작용하는 동안 능동적으로 생겨나는 것이라고 풀이합니다. 그것은 물질적 뇌의 중요성을 부정하는 주장이 아니지요. 마음 – 의식과 정신을 모두 아울러 – 은 뇌의 산물이 아니고 뇌를 포함한 몸 전체와 몸 바깥환경이 주고받는 상호 작용이라는 뜻입니다.

과학이 물질로 구성된 뇌와 마음 사이를 아직 다 설명하지 못하고 있는 까닭은 그만큼 신비로워서입니다. 철학도 뒤늦게 몸을 사유하고 있습니다. 현대 철학에 큰 영향을 끼친 니체는 철학을 "단지 몸에 대한 해석, 혹은 몸에 대한 오해에 불과한 것이 아닐까"라고 여길 정도로 몸을 중시했지요.

사람의 마음은 우주의 위대한 기적입니다. 앞서 자연의 아름다운 절경을 짚어 보았지만, 사실 가장 아름다운 절경은 그랜드 캐니언도, 오로라도, 밤하늘의 무수한 별도 아닌 사람의 마음이 깃든 몸일지도 모릅니다. 인류는 그 마음과 몸으로 무수한 예술 작품을 창조했고 서로 사랑하는 슬기를 일궈왔지요.

호기심 1 사람의 운명은 정말 유전자가 결정할까?

사람의 행동은 유전으로 결정된다는 주장이 있습니다. 유전자의 지배를 받으므로 환경의 영향은 거의 또는 전혀 없다고 강조하지요. 백인들의 인종 차별, 권력이나 부를 세습하는 사람들의 혈통 차별과 이어지기도 합니다.

하지만 진화론에 근거해 보아도 사람의 행동은 두 요소로 일어납니다. 진화한 적응과 그러한 적응을 촉발하는 환경의 압력이 그것입니다. 우리 일상생활에서 쉽게 찾아볼까요. 굳은살은 반복적인 살갗 마찰이라는 환경의 압력과 적응 사이에 일어나는 상호 작용의 결과입니다. 반복적인 마찰에 적응할 새로운 살갗 세포를 만드는 것이지요.

모든 게 유전자로 결정된다는 주장은 진화론과 어긋날 뿐더러 유전학자들의 연구를 보더라도 동의하기 어렵습니다. 인간의 유전자 수는 3만여 개인데요. 이는 초파리의 두 배 정도로 큰 차이를 보이지 않습니다. 인간의 능력이 초파리의 두 배라고는 아무도 생각하지 않겠지요. 더구나 인간의 유전자는 침팬지와 99퍼센트 일치합니다. 심지어 쥐와도 95퍼센트 정도 같아요.

과학이 유전보다 적응을 강조한다고 해서 현재의 인간이 최적으로 설계되었다고 '자부'할 수는 없습니다. 진화란 시간에 따른 변화를 가리키거든요. 진화적 변화는 반복적인 선택 압력이 수천 세대나 지속해야 할 만큼 느리게 일어나기 때문에 현재 존재하는 사람들은 자신이 태어나기 이전의 환경에 맞춰 설계돼 있다고 보아야 옳습니다.

오늘날의 인류가 석기 시대의 뇌로 현대의 환경에서 살아간다는 지적이 나오는 것도 같은 맥락인데요. 가령 갈비를 먹고 싶어 하는 우리 몸의 본능적 욕망은 먹이 자원이 부족했던 과거의 환경에서는 적응적 행동이었지만, 지금은 전혀 아니라는 거지요. 동맥 경화와 심장 마비의 원인이 되니까요. 수렵 채집인의 과거와 오늘날 환경 사이의 시간적 간격은 지금 인류가 지닌 진화의 성과들이 현재의 환경에 맞춰 최적 상태로 설계된 것이 아닐 수 있음을 일러 줍니다.

요컨대 과학은 유전자의 운명에 따라 인생을 살아가라고 가르치지 않습니다. 변화하는 환경에 주체적으로 대응하라고 우리를 깨우쳐 줍니다.

호기심2 인간은 웃을 줄 아는 유일한 동물?

"웃음이라는 능력을 가졌기에 인간은 다른 동물과 구별된다."

영국 시인 조지프 애디슨이 인류의 자부심으로 웃음을 꼽으며 한 말입니다. 하지만 20세기 후반 들어 동물의 뇌를 정밀히 연구한 과학자들은 침팬지, 개, 쥐도 웃는다고 주장합니다.

침팬지는 살갗을 문지르며 만족감에, 쥐들은 간지러울 때 웃음소리를 낸답니다. 인간과 소리가 다를 뿐이죠. 개들은 상대 꽁무니를 쫓으며 놀 때 헉헉거리며 웃는다지요.

진화를 연구하는 과학자들은 영장류 새끼들이 뒤엉켜 놀 때 내는 소리에서 웃음의 기원을 찾습니다. 싸우는 놀이를 안전하게 마치려면, 서로의 행동이 진짜 싸움은 아니라는 사실을 상대에게 알려야 한다는 거죠. 영장류가 놀이 과정에서 웃는 소리는 지금의 공격이 가짜임을 상대와 다른 개체들에게 전달하는 신호로 진화했다는 설명입니다.

진화 심리학자들은 이빨을 드러낸 공격 상황에서 서로 싸울 의지가 없어질 때 안도의 표정과 행위로 웃음이 발전했다고 주장합니다. 사람의 웃음은 동물보다 더 사회적이라고 하지요.

뇌 과학자들은 웃음이 뇌 활동과 이어져 있음을 찾아냈습니다. 웃음은 얼굴에 15개의 근육을 동시에 수축하고 몸속에 있는 650개의 근육 가운데 203개를 움직이는 최고의 뇌 운동인데요. 뇌는 우스운 소리만 들어도 웃을 준비를 한답니다. 뇌의 변연계와 전두엽 사이에 웃음을 유발하는 부분이 있다지요.

웃음의 1단계는 입술의 괄약근이 급격히 팽창하고 산토리니근* 및 협근의 수축과 동시에 단속적으로 숨을 내쉬지만, 2단계에서는 근육 수축이 모든 얼굴 근육에 연결된 부위까지 확대됩니다. 마침내 목 근

---

* 산토리니근(santorini's muscle)은 아래턱 근육에서 입의 가장자리까지 뻗어 있는 볼 근육입니다.

육, 특히 활경근에 까지 퍼지며 3단계에 이르면 모든 기관이 전부 뒤흔들리고 눈물이 흐르며 횡격막이 아플 정도로 단속적인 수축을 합니다.

웃으면 면역 기능이 높아지고, 폐 속에 남아 있던 나쁜 공기가 신선한 공기로 빨리 바뀌며, 암과 세균을 처리하는 세포들이 증가한다는 연구도 있습니다. 유머 감각 있는 이성을 좋아하는 까닭도 우수한 배우자를 선택하는 과정인 셈이지요.

웃음 연구자들에 따르면 인간은 평생 50만 번 이상 웃는답니다. 그런데 성인은 하루 평균 8번 웃고, 어린이는 평균 400번쯤 웃지요. 어른이 되면서 웃음이 사라지는 것입니다.

요가의 최고 경지는 함박웃음이라고 합니다. 웃음은 강한 전염성이 있으니까요. 독자들이 부디 어른이 되어서도 웃음을 잃지 않는 사람으로 성숙해 가길 바랍니다. 물론, 웃을 수 있는 사회도 더불어 만들어가야겠지요.

9장

사랑의 신비

생식-생명 연장의 꿈

우리 몸이 얼마나 걸작인가를 알고 나면 정말 소중히 여기지 않을 수 없습니다. 그렇다면 인체라는 걸작은 누가 어떻게 만들었을까요?

더러는 신이 창조했다고 주장하지만 그것은 어디까지나 특정 종교의 믿음일 뿐 그 종교를 믿지 않는 사람들에겐 의미가 없는 말입니다. 다윈은 진화론을 제시한 책 『종의 기원』을 마무리하며 "아주 단순하게 시작한 생명체는 지구가 중력의 법칙에 따라 돌고 도는 동안 최고로 아름답고 멋있는 모습으로 진화해 왔고 지금도 진행 중"이라고 강조했습니다.

장구한 진화의 연장선에서 직접적으로 우리 개개인의 몸을 만든 주체는 다름 아닌 어머니·아버지입니다. 지금 이 책을 읽고 있는 독자를 비롯해 모든 사람의 몸은 아빠와 엄마의 사랑이 낳은 열매이니까요. 사랑의 예술로 빚은 '작품'입니다.

사람을 비롯한 모든 생명체는 언젠가 필연적으로 죽음을 맞기에 자신을 이어 살아갈 다음 세대를 빚어내지요. 과학에선 그것을 '생식'이라고 합니다.

생물의 생식 방법은 무성 생식과 유성 생식으로 크게 나뉩니다. 무성 생식은 생물이 암수 생식 세포의 결합 없이 단독으로 새로운 개체를 만드는 방법입니다. 유성 생식은 암수가 각각 생식 세포를 만들고, 이 생식 세포가 결합하여 새로운 개체를 만드는 방법이지요.

무성 생식은 생식 과정이 간단하여 환경 조건이 좋으면 빠르게 번식할 수 있습니다. 하지만 무성 생식으로 만들어지는 자손은 모체의 유전 물질만 고스란히 물려받기 때문에 모체와 똑같은 형질이어서 다양한 형질이 나타날 수 없지요. 따라서 변화하는 환경에 잘 적응할 수 없습니다. 환경은 변하는데 늘 똑같으니까요.

유성 생식은 과정이 복잡하고 번식 속도가 느립니다. 하지만 유성 생식을 통해 만들어진 자손은 부모 양쪽으로부터 유전 물질을 물려받아 다양한 형질을 나타낼 수 있습니다. 환경의 변화에 잘 적응할 수 있어 생존하고 번식하기에 더 유리하지요.

암수가 구별되는 생물은 대부분 유성 생식을 합니다. 꽃이 피는 식물은 꽃에 있는 암술과 수술에서 각각 생식 세포인 난세포와 꽃가루를 만듭니다. 난세포와 꽃가루가 결합하면 밑씨*가 자라 씨가 만들어지고, 씨가 자라서 새로운 개체가 되지요.

동물은 난소와 정소에서 각각 생식 세포인 난자와 정자를 만들고, 난자와 정자의 결합으로 새로운 개체가 창조됩니다.

무성 생식이든 유성 생식이든 생식을 하려면 새로운 세포가 만들어지는 과정이 필요합니다. 무성 생식은 생물의 몸을 이루는 세포에서 새 세포를 만들고, 유성 생식은 생식 기관에서 생식 세포를 만듭니다. 새 세포는 기존의 세포가 나누어지는 세포 분열 과정을 통해 만들어지지요.

생물의 몸을 구성하는 세포에서 가장 중요한 곳이 바로 핵입니다. 핵 속의 염색체에 유전자가 들어 있어 우리 몸의 구조와 기능을 결정합니다.

사람 몸에는 세포 한 개 속에 염색체가 46개 들어 있습니다. 크기와 모양이 같은 한 쌍의 상동 염색체가 1번부터 22번까지 44개가 있고, 성별을 결정하는 성염색체가 2개 더 있습니다. 엄마의 난자로부터 23개, 아빠의 정자로부터 23개를 받은 셈이지요.

유전자에는 염기라는 물질이 있는데요. 네 종류가 배열되는 순서

* 암꽃술에 있는 기관.

에 따라 유전 정보가 만들어집니다. 하나의 염색체를 이루는 두 염색분체는 복제되어 만들어진 것이기에 유전 정보가 동일합니다.

한 생물의 몸을 구성하는 세포는 세포 분열을 통해 만들어지기 때문에 모두 같은 수와 모양의 염색체를 갖지요. 유전자를 지닌 염색체의 수와 모양은 생물의 고유한 특징이 됩니다.

사람 안의 작은 사람?

사람은 그 자체가 기나긴 진화의 결과이듯이, 조상 대대로 거슬러 올라갈 수 있는 기나긴 사랑의 결실입니다. 우리 모두는 그 연장선에서 21세기를 살고 있는 거죠. 우리 개개인 모두 정자와 난자가 만나 수정된 존재에서 출발했습니다.

사람의 정자가 인류에게 처음 모습을 드러낸 것은 1679년입니다. 현미경을 통해 다양한 종류의 미생물을 관찰하던 한 과학자가 사람의 정액 속에서 작은 올챙이처럼 생긴 개체들이 힘차게 꼬리를 흔들며 뒤엉켜 있는 모습을 발견했습니다. 과학자들은 그것이 정액 속에 들어 있다는 사실을 근거로 생명의 기원이 되는 세포라고 결론 내렸습니다.

그런데 일부 과학자들은 정자의 머리 안에 '작은 인간', 호문쿨루스 Homunculus가 숨어 있다고 지레짐작했습니다. 하나의 생식 세포 안에 앞으로 완전한 개체로 자라날 모든 것이 들어 있다고 본 거죠. 이를 전성설preformation theory, 말 그대로 이미 만들어져 있었다는 학설이라고 합니다.

하지만 전성설은 아이들이 아빠와 엄마와 특성을 모두 물려받아 태어난다는 사실을 제대로 설명할 수 없었지요. 더구나 정자 속에 호문쿨루스가 들어 있다면 그 작은 호문쿨루스의 생식기 안에 든 생식 세포 안에는 다시 그보다 더 작은 호문쿨루스가 들어 있을 것이고, 이는 끝없이 반복될 것이라는 점에서도 설명력에 한계를 드러냈지요.

과학이 발전하면서 생식 세포는 혼자서는 완전할 수 없다는 사실이 밝혀졌습니다. 그럼에도 아직도 잘못된 편견을 지닌 사람들이 적지 않습니다. 남자는 씨, 여자는 밭이라는 낡은 사고에서 벗어나고 있지 못한 거죠.

과학은 남성과 여성, 여성과 남성 사이에 평등을 증언하고 있습니다. 굳이 씨와 밭으로 설명하자면, 정자가 씨이고 난자가 밭이 아니라 정자와 난자가 합쳐서 씨가 됩니다. 그 씨가 여성 몸에서 자라나지요.

정자와 난자의 만남은 과학으로 들여다보아도 '우주적 사건'입니다. 남성은 사춘기 이후 일생 동안 인체를 구성하는 세포 중 가장 작은 축에 드는 정자를 쉼 없이 생산하는데요.

한 명의 남성이 일생에 걸쳐 생산하는 정자는 평균 5000억 개로 알려져 있습니다. 실감이 잘 안 나죠? 지구상의 인류 구성원 전체를 70배 넘게 탄생시킬 수의 정자가 단 한 사람 몸에서 만들어지는 셈입니다.

생식 세포가 만들어지는 과정은 체세포 분열과 다릅니다. 두 번에 걸친 세포 분열이 일어나는데요. 제1 분열, 제2 분열이라고 합니다.

제1 분열은 염색체가 복제되어 염색 분체를 만들고 서로 모양과 크기가 같은 상동 염색체가 접합하여 배열된 상태로 세포 분열이 일어나 염색체 수가 반으로 줄어듭니다. 46개의 염색체가 한 쌍식 접합해 23줄로 배열하니까 이 상태에서 세포 분열이 일어나면 23개씩 둘로 나뉘는 것이지요.

상동 염색체는 하나는 엄마, 하나는 아빠한테서 물려받은 염색체인데 접합될 때 매우 중요한 사건이 일어납니다. 교차라고 부르는 현상인데요. 상동 염색체 일부가 꼬여 엄마와 아빠의 유전자를 교환합니다. 이로써 매우 다양한 유전적 조합을 만들게 됩니다. 이 '우연한 사건'에서 유성 생식의 신비로움을 찾아볼 수 있습니다. 엄마나 아빠가 물려준 각각의 유전자와는 다른 새로운 유전자 조합이 탄생하니까요.

제2 분열은 체세포 분열과 비슷하게 염색체가 한 줄로 배열되어 염색 분체가 나뉩니다. 세포 분열이 일어나도 네 개의 딸세포는 23개의 염색체를 유지하겠지요. 결국 염색체 수가 반으로 줄면서 수정을 준비하는 것입니다. 감수 분열이라고 부릅니다.

여성은 태어날 때 난소에 200만 개의 난모 세포를 가지고 태어납니다. 사춘기부터 감수 분열을 시작하는 정자와 달리 태아 때 이미 감수 제1 분열을 시작하여 제1 난모 세포라고 부릅니다.

몸에 노화가 일어나기 전에 다음 세대를 출산하기 위한 프로그램이 일찌감치 진행되는 것입니다. 하지만 10대가 되어 첫 월경을 할 즈음이면 난소에는 4만 개의 난모 세포만 남습니다. 나머지는 모두 퇴화하지요. 난자를 만들기 이전의 난모 세포 수준에서 가능성 있는 것들만을 솎아 내는 셈입니다.

요행히 난모 세포가 50대 1의 경쟁률을 뚫고 사춘기까지 살아남았다 하더라도 그것으로 끝이 아닙니다. 일반적으로 여성은 생리 주기마다 하나의 난모 세포만을 분열시켜 난자를 만들어 내거든요. 난자를 만들 수 있는 난모 세포는 겨우 400여 개 정도가 됩니다. 다시 100대 1의 경쟁률을 뚫어야 난자를 만들 수 있는 겁니다.

치열한 솎아 내기를 통해 형성된 난자는 그에 걸맞은 위엄을 자랑합니다. 정자와는 정반대로 난자는 인체를 구성하는 세포 중 가장 큰 축에 속하는 세포입니다. 크기가 0.5밀리미터 안팎이기에 시력이 좋은 사람은 맨눈으로도 볼 수 있지요.

커다란 난자의 내부엔 장차 배아로 자라는데 필요한 물질이 든 세포질이 들어차 있습니다. 표면은 질기고 투명한 껍질투명대로 둘러싸여 있는데요. 내부를 보호하는 거죠. 이 투명대는 때로 너무 단단하고 질겨서 정자와의 수정을 방해하거나, 배아가 자궁 내부에 착상하는 것을 막기도 합니다. 그만큼 충실히 난자를 보호하는 거죠.

난자는 형성 과정도 사뭇 다릅니다. 감수 분열의 결과 생성되는 난자는 단 하나뿐이지요. 난자가 형성되는 과정의 세포 분열은 일반적인 세포 분열과는 달리 세포가 똑같이 분열되지 않습니다. 보통의 세포 분열에서는 염색체뿐 아니라 세포질까지도 균등하게 나눠지지만 난모 세포는 분열 과정에서 하나의 딸세포에 세포질을 거의 모두 몰아줍니다. 난모 세포는 감수 분열 동안 세 개의 딸세포는 퇴화되고 단지 하나의 난자만 만들어 내는 거지요.

그럼 정자와 난자가 만날 때를 짚어 볼까요. 성인 남성과 여성이 만나 사랑을 나눌 때 정자가 난자를 만나러 출발합니다.

떠날 때 수억에 달하던 정자는 난자와 만날 즈음이 되면 수백 수준으로 줄어듭니다. 100만 대 1의 경쟁률을 뚫고 살아서 도착한 '용자'들에게도 난자와의 만남은 쉽게 허락되지 않습니다.

난자는 이중 장벽에 둘러싸여 있으니까요. 난자는 두껍고 질긴 막인 투명대 안에 존재한다고 했죠. 그런데 투명대는 다시 부챗살관방선관이라는 조직들로 둘러싸여 있습니다.

정자는 부챗살관과 투명대를 혼자 힘으로 뚫어야 합니다. 난자는 이중 안전장치를 통해 외부 충격에서 자신을 보호할 뿐 아니라, 이중으로 설치한 장애물을 거뜬히 뛰어넘을 수 있을 만큼 튼튼한 정자를 골라냅니다.

첫 번째 장벽인 부챗살관을 만난 정자는 머리의 끝 부위인 첨단체에서 히알루론산 분해 효소를 분비해 조금씩 길을 뚫습니다. 그나마 다행인 것은 비록 장애물을 설치해 놓긴 했어도, 난자가 정자에게 그리 매몰차지는 않다는 것입니다. 정자가 히알루론산 분해 효소를 분비해 길을 뚫기 시작하면, 난자는 자궁관 점액 효소를 분비해 정자에게 힘을 실어 주거든요. 자궁관 점액 효소는 정자가 분비하는 히알루론산 분해 효소의 작용을 촉진시켜 부챗살관을 뚫는 정자를 돕습니다.

난자가 힘을 보태 주면 용기를 얻은 정자가 힘차게 움직입니다. 정자 꼬리의 운동이 프로펠러 구실을 하지요. 정자가 부챗살관을 통과하는 '공신'이 됩니다.

부챗살관의 '성문'을 지나면 이제 투명대와 만납니다. 부챗살관보다 더 질기고 튼튼한 방어벽입니다. 마지막 관문이기에 정자는 자신이 가진 모든 '무기'를 써야 할 상황이지요.

정자의 첨단체는 단백질을 분해하는 효소들을 분비해 끈질기게 투명대를 공략합니다. 난공불락일 것만 같았던 투명대가 정자의 집요한 효소 공격으로 마침내 틈이 벌어지겠지요. 정자는 그 틈으로 몸을 던집니다.

최초의 정자가 투명대를 통과하는 순간, 투명대의 물리적 특성이 변합니다. 그 뒤로는 어떤 정자도 투명대를 뚫을 수 없지요. 마치 동화 속의 한 장면 같지 않은가요.

마침내 서로의 핵이 합쳐져 수정이 이루어집니다. 난자와 정자는 길고도 복잡했던 과정을 뒤로하고 생식 세포로서의 운명을 마칩니다. 정자와 난자가 수정란으로 거듭 나 새로운 여정을 시작하는 거죠.

우주를 채우는 사랑

'3억 대 1의 신화'라는 말이 있습니다. 난자와 정자는 1 대 1로만 수정될 수 있지만, 난자 1개가 배출되는 시점에 정자는 3억~5억 개가 배출되므로, 생명 탄생의 시작은 단 하나의 난자를 놓고 치열한 다툼을 벌이는 정자 3억의 생존 경쟁입니다.

정자가 그렇게 많이 쏟아지는 이유는 아직 다 밝혀지지 않았습니다. 과학자들은 그것이 자손 번식에 유리하기 때문이라고 풀이합니다. 여성의 몸속 환경은 정자에게는 꽤 가혹하거든요. 부챗살관과 투명대의 장벽만 두고 하는 말이 아닙니다.

정자의 최초 관문인 여성의 몸은 외부 미생물의 침입을 막기 위해 산성을 띠고 있습니다. 생물의 주요 구성 성분인 단백질은 산성 환경에서 쉽게 변성되어 기능을 잃지요. 단백질로 이루어진 정자도 마찬가지입니다.

실제로 많은 수의 정자들이 산성 환경을 이겨 내지 못하고 꼬리 짓을 멈추지요. 바로 그 혹독한 환경으로 인해 정자는 지금처럼 다수가 동시에 행동에 나설 수 있게끔 끊임없이 진화해 왔습니다.

대다수 과학자들이 흔히 3억 대 1의 경쟁이라고 부르지만, 깊이 생각해 보면 '3억의 협동'이 더 적실한 설명입니다. 3억의 협동과 희생으로 하나가 수정에 성공하는 거죠.

수정란은 난자와 정자가 자신을 만들기 위해 그러했듯, 이제는 아기로 태어나기 위해 더 복잡해진 위협들과 더 다양해진 고비들을 무수히 넘겨야 합니다.

세포 분열을 하면서 여러 과정을 거쳐 새로운 개체로 자라는데요. 수정란이 하나의 개체로 되기까지의 과정을 '발생'이라고 합니다.

수정란에서 발생 초기에 일어나는 세포 분열이 난할입니다. 난할은 체세포 분열이지만, 딸세포의 크기가 커지는 시기가 거의 없이 세포 분열이 매우 빠르게 반복됩니다. 세포 분열을 거듭할수록 세포 수는 늘어나지만 각각의 세포는 크기가 점점 작아지겠지요. 발생 초기에는 세포 분열을 거듭하여도 전체적인 크기는 수정란과 거의 차이가 없답니다.

사람의 수정란은 난할을 거듭하여 세포 수를 늘리면서 자궁으로 이동합니다. 일주일 후 수정란이 포배 상태가 되어 자궁에 도달하면 자궁 안쪽 벽을 파고 들어가 달라붙는데, 이를 '착상'이라고 합니다. 착상이 이루어지면 이때부터 임신이 이루어진 것으로 판단합니다.

이 책을 여기까지 끈기 있게 읽은 독자들의 생명이 시작되던 순간이지요. 착상에 이어 심장 박동을 시작하고, 중추 신경계, 팔, 다리를 형성합니다. 대부분의 기관이 만들어지고 사람의 모습을 갖추며, 뇌가 활동하기 시작하지요. 눈, 코, 입 등이 발달하고, 생식 기관이 확연히 나타나 성별을 구분 할 수 있게 됩니다. 눈썹과 속털이 나고, 태아가 활발히 움직입니다.

착상이 될 때 태아와 모체를 연결하는 태반이 만들어지는데요. 태반을 통해 태아의 모세 혈관과 자궁 안쪽 벽에 있는 엄마 몸의 혈관 사이에서 물질 교환이 일어납니다. 그 결과 태아는 생명 활동에 필요한 산소와 영양소를 엄마로부터 전달받고, 태아의 몸에서 생기는 이산화탄소와 노폐물을 모체로 전달하여 몸 밖으로 내보내지요.

여기서 유의할 것은 태아가 모체로부터 태반을 통해 생명 활동에 필요한 물질뿐만 아니라 해로운 물질도 전달받을 수 있다는 사실입니다.

특히, 중추 신경계와 심장을 비롯한 태아의 주요 기관 대부분이 만들어지는 임신 3개월 이내에는 임신부의 약물 복용은 물론 음주와 흡연이 절대 금물입니다. 태아에게 심각한 피해를 줄 수 있거든요. 임신부는 출산하기까지 태아의 생명 활동에 필요한 영양소를 골고루 섭취하고, 몸과 마음의 안정을 취하여 건강을 유지해야 합니다.

각 기관이 만들어지기 시작하는 시기와 완성되는 시기는 다르며, 완성되는 데 걸리는 기간도 각각 다릅니다. 중추 신경계가 가장 먼저 만들어지지만 태어날 때까지도 완성되지 않는 것 또한 '뇌'입니다.

태아는 태반을 통해 모체로부터 필요한 물질을 얻으면서 발달 과정을 거쳐 사람의 모습으로 자랍니다. 모체의 자궁에서 보호를 받으며 자란 태아는 수정이 일어난 지 약 266일이 지나면 질을 통해 모체의 밖으로 나옵니다.

지금까지 우리는 생식 세포인 정자와 난자가 결합하여 수정란이 되고, 수정란이 발생 과정을 거쳐 새로운 개인으로 태어나는 과정을 살펴보았습니다. 그 개인도 생식 세포를 만들고 수정 과정을 통해 새로운 자손을 만들면서 생명을 이어 가겠지요.

엄마 몸에서 나올 때 우리 모두는 비로소 빛을 봅니다. 우주가 캄캄한 어둠 속에서 대폭발의 빛으로 시작했듯이, 개개인의 인생도 빛으로 출발합니다.

생명이 이어지는 현상은 모든 생물에서 일어납니다. 본능의 지배를 받는 다른 생물과 달리 사람의 사랑은 웅숭깊습니다.

시인이자 교사인 김인육은 시 〈사랑의 물리학〉에서 "제비꽃같이 조그마한" 그리고 "꽃잎같이 하늘거리는" 여학생이 "지구보다 더 큰 질량으로 나를 끌어당긴다/ 순간, 나는/ 뉴턴의 사과처럼/ 사정없이 그녀에게로 굴러떨어졌다/ 쿵 소리를 내며, 쿵쿵 소리를 내며// 심장이/ 하늘에서 땅까지 아찔한 진자 운동을 계속하였다"고 첫사랑을 노래했습니다.

사람은 서로에 대한 존중과 배려가 전제된 사랑으로 결합이 이뤄지고 그때 수정됩니다. 사람의 몸 안에서 새로운 사람의 몸이 창조되는 것이지요. 미래에 아무리 과학이 발달하더라도 결코 흉내조차 낼 수 없는 사랑의 신비, 사람의 신비입니다.

사랑으로 새로 태어난 사람도 언젠가 새로운 사람을 빚어낼 것입니다. 사랑으로 말입니다. 우주는 그렇게 사랑의 예술로 창조를 이어 가겠지요. 어찌 보면 우주가 곧 사랑입니다.

오윤이 1985년 제작한 판화 <춘무인 추무의>입니다. 인간은 본능의 지배를 받는 생물들과 달리 웅숭깊은 사랑을 나눕니다. 모든 개개인은 그 사랑의 창조물이지요. 사람과 사람 사이도 서로 존중과 배려가 필요합니다. 춘무인 추무의春無仁 秋無義는 봄에 인(어짊)을 뿌리지 않으면 가을에 의(정의)를 거둘 수 없다는 뜻입니다. 오윤은 신분, 부귀, 성별, 인종의 차이를 뛰어넘어 대동세상을 꿈꿨는데요. 이 작품에서 모든 사람이 한 덩어리로 천지 만물과 융합하여 신명나게 춤을 추고 있습니다. 천지인의 융합, 예술가의 꿈만이 아닙니다. 과학의 미래입니다.

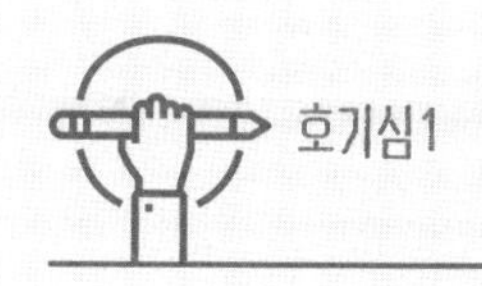

호기심1 인류와 지구의 미래는 어떻게 될까?

지구 행성에 살고 있는 인류의 미래는 어떻게 될까요? 과학에 근거하면 지구 내부 에너지는 한계가 있습니다. 지구 형성 초기에 축적된 열에너지가 무한정한 것일 수는 없겠지요.

지구와 같은 시기에 만들어진 화성은 태양계 최대의 화산올림포스 화산을 가지고 있을 만큼 내부 에너지의 분출이 활발했던 행성이지만, 지구의 절반 정도 크기와 10퍼센트 수준의 질량 때문에 우리와 거의 같은 시기에 만들어졌음에도 이미 내부 에너지를 소진했지요. 화산이나 지진 활동이 전혀 없는 차가운 행성이 되었습니다.

지구도 언젠가는 판 운동이 정지하고 바다 또한 맨틀에 흡수되어 화성과 같은 모습이 될 것이라 예상할 수 있습니다. 그보다 더 머나먼 미래이지만 50억 년이 흐른 뒤에는 해가 주계열성 단계를 마치고 거성 단계에 접어들어 지구의 공전 궤도에 가까운 크기까지 팽창하게 됩니다. 그때가 오면 지구는 지각이 모두 녹고 탄생할 때와 같은 마그마로 뒤덮이다가 해에 흡수되겠지요.

이미 100억 년을 살았을 우리의 별은 1000년이라는 '짧은 시간' 동안 마치 죽음의 고통에 몸부림치듯이 자신의 몸 안에 있는 가스를 죄다 뱉어 내고 서서히 빛을 잃어 가게 됩니다.

가스를 다 뱉어 내고 나면 중심에는 지금 해 지름의 100분의 1 정도인 지구 크기와 비슷한 조그만 별이 남게 되는데요. 이것이 태양의 주검에 해당하는 흰작은별백색왜성이지요.

그렇다면 그것이 인류의 미래라고 허망함에 잠겨야 할까요? 그렇지는 않습니다. 오늘 뜬 해가 식으려면 아직도 50억 년이 남았고, 그것은 길게 보아도 100년 단위인 인류 역사와 견주면 상상할 수 없는 시간대입니다. "무한한 공간의 영원한 침묵이 나를 전율케 한다"고 고백한 파스칼은 바로 이어서 '생각하는 갈대'론을 전개했지요.

"인간은 자연에서 가장 연약한 한 줄기 갈대일 뿐이다. 그러나 그는 생각하는 갈대이다. 그를 박살 내기 위해, 전 우주가 무장할 필요는 없다. 한 번 뿜은 증기, 한 방울의 물이면 그를 죽이기에 충분하다. 그러나 우주가 그를 박살 낸다 해도 인간은 우주보다 더 고귀하다. 인간은 자기가 죽는다는 것을, 그리고 우주가 자기보다 우월하다는 것을 알기 때문이다. 우주는 아무 것도 모른다."

인류의 위대함을 더 생생하게 노래한 시인이 이 땅에 살았지요. 일본 제국주의자들 고문으로 옥중 사망한 시인 윤동주는 '서시' 에서 "별을 노래하는 마음으로/ 모든 죽어가는 것을 사랑해야지"라는 절창을 남겼습니다.

호기심2 사람과 다른 지적 존재가 우주에 있을까?

허버트 조지 웰스가 1898년에 쓴 소설 『우주 전쟁』에 화성인이 등장합니다. 지름 1.2미터의 거대한 머리에 큰 눈과 입, 16개의 채찍 같은 촉수를 지닌 문어형의 생물로 그 뒤 외계인의 전형이 되었지요.

인류가 외계 지적 생명체 탐사SETI; Search for Extra-Terrestrial Intelligence에 본격적으로 나선 해는 1960년입니다. 젊은 과학자 드레이크가 민간 지원을 받아 지름 25미터의 전파 망원경을 설치하고 우주에서 오는 외계인의 신호를 포착하겠다고 공언했습니다. 그는 우주에 존재하는 '외계인 방정식'을 만들었는데요. 'N=R*·fp·ne·fl·fi·fc·L'입니다.

여기서 'R*'은 지적 생명체 발달에 적합한 환경의 별이 태어날 비율, 'fp'는 별이 행성계를 가질 비율, 'ne'는 행성계가 생명에 적합한 행성을 가질 비율, 'fl'은 행성에서 생명이 발생할 확률, 'fi'는 생명이 지성 단계까지 진화할 확률, 'fc'는 지적 생명체가 다른 천체와 교신할 수 있는 과학을 발달시킬 확률입니다. 'L'은 문명이 현재 존재하는 시간대이지요. 드레이크는 그 결과N, 우리가 속한 은하계에서만 탐지 가능한 고도 문명의 수가 1000개라고 주장했습니다. 나름대로 새로운 과학적 시도였지만, 각 단계의 확률에서 여러 변수가 있기에 정확한 값을 낼 수는 없겠지요.

우주과학자 스티븐 호킹은 21세기 들어 외계 생명체의 존재는 의심

할 여지가 없으며 수학적으로 볼 때 외계인에 대한 자신의 생각은 이성적이라고 밝혔습니다.

문제는 그들이 있다거나 없다가 아니라 어떤 존재인지 알아내는 것입니다. 호킹은 외계 생명체와 만날 때 인류의 위험성에 대해 "콜럼버스가 아메리카 땅을 발견하고 원주민들을 한 짓을 보라"고 경고했습니다. 백인들은 무자비한 학살을 저질렀지요.

호킹은 진화된 외계 생명체는 그들이 다다르는 행성을 정복하고 식민지로 만드는 유목민과 같을 수 있다고 내다봤습니다. "외계에 지능이 높은 생명체가 있다면 우리가 접촉하고 싶지 않은 생명체로 진화했을 가능성이 높으리라는 점은–다른 동물을 죽이고 멸종시켜온–인류를 돌아보면 잘 알 수 있다"는 호킹의 경고는 새겨 볼 만합니다.

다만 너무 비관할 필요는 없습니다. 지능 못지않게 지혜도 인류보다 훨씬 뛰어나 평화를 사랑하며 그것을 구현할 방법까지 익혔을 가능성도 있으니까요. 외계 생명체가 어떤 존재이든 언젠가 인류가 그들과 만나 소통할 때, 우리 자신의 사고 폭은 혁명적으로 바뀔 것입니다. 발상의 전환을 해 보자면 이미 우리 자신이 우주인입니다. 지구라는 우주선을 타고 있으니까요.

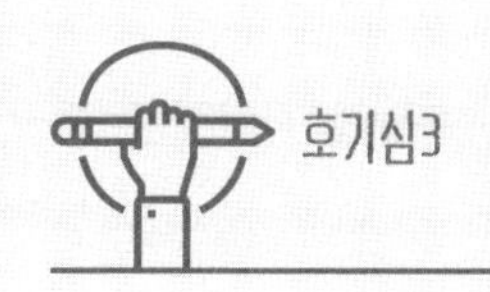

호기심3 나와 똑같은 사람이 우주에 있다?

도플갱어doppelganger. 독일어로 '이중으로 돌아다니는 자'라는 뜻입니다. 자신이 자신을 보고 있는 것을 느끼는 현상에서 온 말이지요. 현대 정신 의학에선 정신적으로 큰 충격을 받거나 자신을 제대로 제어하지 못할 경우에 생기는 일종의 정신 질환으로 보고 있습니다.

하지만 우주과학 일각에서 도플갱어를 새롭게 해석하고 있습니다. 바로 다중 우주론입니다. 자, 생각해 볼까요. 이 책에서 살펴보았듯이 무한한 우주는 우리의 사고를 뛰어넘어 존재합니다. 우주는 무한해서 그 안에 있는 별이 무한하고 그 별들 주위의 행성도 무한합니다. 그렇다면 지구와 똑같은 행성도 무한히 있을 수 있지 않을까요. 확률적으로 지구의 현재와 똑같은 지구가 있을 수 있다면, 같은 논리로 나와 똑같은 도플갱어가 가능하다는 상상을 하게 됩니다.

세계적인 물리학자인 브라이언 그린은 "물리학적 다중 우주 이론은 사변 철학의 산물이 아니라 기존 이론들이 확장하면서 필연적으로 마주친 결과"라고 강조합니다. 우주가 무한히 넓고 거품 같은 우주들을 수없이 만들어 낸다면, 우리 몸과 지구에 존재하는 물질들을 형성하는 패턴이 수없이 반복되어, 지금 우리의 인생이 다중 우주 어딘가에서 반복되고 있을지도 모른다는 결론에 이르게 된다는 것이지요.

다중 우주multiverse 이론은 평행 우주론으로 불리기도 합니다. 그린은 나와 똑같은 대상이 다른 차원에 존재한다는 도플갱어 가설을 다중 우주 이론으로 해석했습니다. 그린은 다중 우주 이론을 제시하면서도 그것이 실제로 존재하는지에 대해선 과학자답게 최종 판단을 유보했습니다.

"다중 우주는 정말로 존재하는가? 나도 잘 모르겠다. 결과를 아는 사람은 아무도 없다. 그러나 우리의 한계를 파악하려면 용기가 있어야 하고, 광대한 진리를 찾으려면 합리적인 이론을 끊임없이 추구해야 한다."

다중 우주론을 머릿속에서 수학적으로는 얼마든지 수긍할 수 있을 것입니다. 그러나 확인할 수 없기에 가슴으로 믿기는 어렵지요. 한 가지 분명한 것은 우리가 존재하고 있는 우주는 우리가 상상하는 이상으로 광활하고 무한하다는 것입니다. 나와 똑같은 사람이 반드시 지금은 아니더라도 존재할 가능성을 독자 여러분 스스로 짚어 보시기 바랍니다.

나가는 말

과학과 미래의 소통

자연은 인류를 한순간에 절멸시킬 만큼 위협적인 존재이지만, 인류가 번성할 풍부한 원천이기도 하다고 서양 과학자들은 이야기합니다. 둘 중에 자연을 어떻게 보든 서양의 자연관은 자연을 대상으로 본다는 점에서 공통적입니다.

하지만 우리 선인들과 동아시아 사람들은 일찍부터 자연과 사람을 대립적으로 보지 않았습니다. 하늘과 땅과 사람천·지·인을 하나로 생각해 왔지요.

하늘·땅·사람이 모두 한 뿌리라는 말, "천지여아동근天地與我同根"이 그것입니다. 선승들의 이야기를 담은 『벽암록』에 나오는 그 말 바로 다음이 "만물여아일체萬物與我一體"입니다. 모든 것이 나와 한 몸이라는 뜻이지요. 하늘과 땅이 나의 몸과 한 몸이나 다를 바 없다고 여겨 왔습니다.

이 책은 동아시아 전통의 훌륭한 자연관을 목차로 삼아 서양에서 발전해 온 과학의 성과를 담았습니다. 21세기 과학이 새로운 길을 열어갈 때 동양의 전통적 자연관이 창조적 문제의식을 줄 수 있다고 판단해서입니다.

16세기 유럽에서 싹튼 과학의 성격을 가장 잘 정리한 사람이 프랜시스 베이컨인데요. 그는 그때까지의 학문을 단순히 자연에 대한 예단에 지나지 않았다고 비판했습니다. 전통 학문과 달리 과학은 먼저 사실들을 관찰하고 이어 경험을 바탕으로 가설을 세운 다음에 그 가설을 검증하기 위하여 실험경험으로 되돌아갑니다. 따라서 새로운 사실이 발견될 때 언제든지 수용하고 수정할 수 있는 학문입니다.

과학적 방법론이 정립되어 가면서 지식은 빠르고 체계적으로 축적되어 갔습니다. 16세기와 17세기에 유럽에서 전개된 과학 혁명은 18세기와 19세기에 산업 혁명을 일궈 냄으로써 유럽의 백인 문명이 지구촌을 지배하는 결정적 전환점을 마련했습니다.

세계사를 조망하면 과학 혁명 이전까지 서양의 사회 경제적 발전은 동양보다 뒤처져 있었지요. 과학 혁명에서 산업 혁명으로 가는 과정은 세계사의 지도를 바꾸는 격동기였습니다.

과학 혁명과 산업 혁명에 근거해 온 지구로 진출한 백인들은 장밋빛 20세기를 전망했습니다. 하지만 실제 20세기 전반기는 제국주의 국가들 사이의 충돌로 핏빛 참극을 빚었지요. 제1차 세계 대전으로 1500만 명을, 제2차 세계 대전으로 최소 5000만 명에서 최대 1억 명을 사람들이 서로 살해하는 광기를 드러냈어요. 전쟁이 과학자들의 책임은 아니지만 수많은 살상 무기들은 과학이 없었다면 가능하지 않았습니다. 과학의 어두운 그림자는 원자 폭탄에서 절정에 이르렀지요.

20세기 후반기에 인류는 평화를 추구하며 과학을 발전시켜 갔습니다. 가장 괄목할 변화는 컴퓨터와 인터넷입니다. 21세기 들어선 지금 과학은 인공 지능AI, 빅 데이터, 로봇 기술, 사물 인터넷internet of things; IoT으로 4차 산업 혁명을 예고하고 있습니다. 지능 정보 기술이 제조업과 서비스, 사회에 녹아듦으로써 산업과 사회가 '지능화'되어 간다는 거죠. 1·2·3·4차 산업 혁명은 각각 기계화, 전기화, 정보화, 지능화로 요약할 수 있습니다.

인류가 앞으로 미래를 열어 나갈 때 과학적 성과는 대단히 중요한 변수가 될 수 있습니다. 그 점에서 막연한 추측이나 감성적 판단이 아니라 관찰과 실험에 근거해 새로운 세계를 탐색해 가는 과학 정신은 인류의 위대한 창조물임에 틀림없습니다.

다만 인류의 미래를 과학자들에게만 맡겨 둘 수는 없습니다. 원자 폭탄이 상징하듯이 과학적 성취가 인류를 살상하는 무기가 될 가능성은 경계해야 마땅합니다.

이미 4차 산업 혁명이 세상을 파괴하고 대량 실업을 몰고 올 것이라는 우려가 커져가고 있지요. 유엔은 2017년 9월에 인공 지능AI과 로봇이 인류의 미래를 위협할 수 있다고 경고했습니다. 미국, 중국, 러시아, 이스라엘이 스스로 목표물을 찾아가는 자동 무기 기술을 개발하고 있는데요. 유엔은 그런 무기가 한 번 개발되면 인간이 상상하는 속도보다 훨씬 빠르게 확산됨으로써 대규모 무력 충돌로 이어질 수 있고, 독재 정권이나 테러리스트들이 무고한 시민들을 상대로 쓰는 공포의 무기가 될 수 있다고 경고했습니다. 세계변호사협회는 로봇 등장으로 각국 정부가 인간의 일자리 할당량을 법률로 정해야 할지도 모른다는 연구 결과를 내놓기도 했지요.

물론, 로봇과 인공 지능이 인류의 미래에 밝은 전망을 줄 수도 있습니다. 우주과학자 스티븐 호킹은 인공 지능이 인류에게 일어난 가장 좋거나 아니면 가장 최악의 것이 될 수 있을 것이라고 지적했는데요. 두 가지 가능성이 모두 있기에 과학과 우리 청소년들의 소통은 그 어느 때보다 더 필요합니다.

젊은 세대와 과학의 소통을 다룬 이 책의 마지막 대목에서 천·지·인의 조화를 추구해 온 우리 선인들의 슬기를 소개한 이유도 여기 있습니다. 하늘과 땅과 사람이 뿌리가 같다는 아름다운 깨달음과 과학 정신이 서로 소통해야 합니다. 인류가 아직 우주를 온전히 이해하지 못하고 있기에 더 그렇습니다. 아직도 실체를 모르는 물질과 에너지가 절대적으로 더 많을뿐더러 빅뱅의 우주론으로는 대폭발 이전의 우주가 무엇인지 설명하는 데 한계가 있으니까요.

일찍이 생물학자 토마스 헉슬리는 "아는 것은 유한하고 모르는 것은 무한하다. 지적으로 우리는 상상할 수 없을 정도로 넓은 바다 한가운데 작은 섬 위에 서 있다. 모든 세대에 걸쳐 우리가 해야 할 일은 조금이라도 더 많은 땅을 개척하는 것"이라고 말했습니다. 수많은 세대를 이어서 진리를 밝혀 온 인류에 대한 예찬이지요.

신비의 베일을 벗기는 즐거움이 과학이라면, 우리가 즐거울 영역은 아직도 지천입니다. 아인슈타인은 "이 세상에 대해 가장 이해할 수 없는 것은, 그것이 이해 가능하다는 점"이라고 토로했는데요. 인간이 우주를 법칙으로 파악해 낼 수 있다는 사실이야말로 아인슈타인에게는 기적이었던 셈입니다. 그래서였겠지요. 아인슈타인은 인생을 사는 방법에는 오직 두 가지가 있다고 말했습니다. 하나는 기적이 없는 것처럼 사는 것이고, 다른 하나는 모든 것이 기적인 것처럼 사는 것입니다. 아인슈타인은 "보통 사람들은 이미 어린 시절에 궁금증이 모두 해결되었다고 생각한다"며 자신은 발육이 늦어 호기심을 잃지 않았다고 회고했습니다.

무릇 모든 새로운 과학은 기적을 설명하려는 가설에서 시작합니다. 가설이기 때문에 오히려 즐겁지요. 새로운 진실이 드러나면 그에 맞춰 수정할 수 있다는 것 또한 기쁜 일 아닌가요.

이 책에서 살펴본 천·지·인은 우리 삶이 얼마나 신비로운가를 새삼 일러 주었고 바로 그만큼 인생을 겸손하고 경건하게 살게끔 해줍니다.

천·지·인을 아우르는 시각을 지닌 우리는 자신이 138억 년이라는 아득한 태고의 우주와 이어져 있는 기적임을 깨달을 수 있습니다. 우리 몸을 이루는 원소들이 그 생생한 증거이지요. 그렇습니다. 자연, 천·지·인을 아는 만큼 우리 삶이 성숙할 수 있습니다.